高等职业教育软件技术专业新形态教材

Java 面向对象程序设计(微课版)

主　编　谢先伟　王海洋
副主编　廖清科　杨　娟　陈　笛

中国水利水电出版社
www.waterpub.com.cn
·北京·

内 容 提 要

本书为 Java 面向对象程序设计的教材。编者基于多年教学和开发项目的经验，经过精心布局和筛选案例写成此书。

本书共分为 10 章，涵盖了 Java 面向对象程序设计中的基础编程、面向对象编程基础、抽象类与接口、常用类、集合、异常、JDBC 连接、文件和输入输出流、多线程等内容。每个章节均以任务驱动，每个任务由"任务描述""任务要求""知识链接"和"实现方法"组成。"任务描述"介绍任务内容；"任务要求"指明任务使用的知识点及其目标；"知识链接"详细说明任务需要的知识点；"实现方法"说明任务代码的实现过程。每个章节的重点部分均有视频讲解及代码资源。每章均有配套习题，用于巩固所学内容。

本书内容丰富、实用性强，非常适用于学习 Java 基础编程，适合高职院校师生使用，可作为编程培训的入门教材，也可供自学者参考使用。

本书配有电子教案，读者可以从中国水利水电出版社网站（www.waterpub.com.cn）或万水书苑网站（www.wsbookshow.com）免费下载。

图书在版编目（C I P）数据

Java面向对象程序设计：微课版 / 谢先伟，王海洋主编. -- 北京：中国水利水电出版社，2021.2（2024.7 重印）
高等职业教育软件技术专业新形态教材
ISBN 978-7-5170-9439-5

Ⅰ. ①J… Ⅱ. ①谢… ②王… Ⅲ. ①JAVA语言－程序设计－高等职业教育－教材 Ⅳ. ①TP312.8

中国版本图书馆CIP数据核字(2021)第031973号

策划编辑：石永峰　　责任编辑：魏渊源　　封面设计：李　佳	
书　名	高等职业教育软件技术专业新形态教材 Java 面向对象程序设计（微课版） Java MIANXIANG DUIXIANG CHENGXU SHEJI（WEIKE BAN）
作　者	主　编　谢先伟　王海洋 副主编　廖清科　杨　娟　陈　笛
出版发行	中国水利水电出版社 （北京市海淀区玉渊潭南路 1 号 D 座　100038） 网址：www.waterpub.com.cn E-mail：mchannel@263.net（答疑） 　　　　sales@mwr.gov.cn 电话：（010）68545888（营销中心）、82562819（组稿）
经　售	北京科水图书销售有限公司 电话：（010）68545874、63202643 全国各地新华书店和相关出版物销售网点
排　版	北京万水电子信息有限公司
印　刷	三河市德贤弘印务有限公司
规　格	184mm×260mm　16 开本　13.5 印张　298 千字
版　次	2021 年 2 月第 1 版　2024 年 7 月第 2 次印刷
印　数	3001—4000 册
定　价	40.00 元

前　言

与传统程序设计语言不同，Sun 公司（2010 年被 Oracle 公司收购）在推出 Java 之际就将其作为一种开放的技术，这与微软公司所倡导的注重精英和封闭式的模式完全不同。在最受欢迎的程序设计语言排行榜上，Java 语言已经连续数年位列榜首。"Write once, Run anywhere"（一次编写，到处可行），这是一种很有效率的编程方式。Java 具有跨平台、完全面向对象、既适合于单机编程也适合于 Internet 编程等特点，使其具有了强大的生命力。

本书从教学实际及市场对 Java 人才的需求出发，合理安排知识结构，内容讲解由浅入深、循序渐进，每个章节都用生动的案例进行引领，便于提高学生的学习兴趣和动手实践能力。本书旨在缩短高等院校的软件人才培养与软件公司的人才需求之间的距离。

1. 本书的特点与优势

（1）由浅入深，结构清晰。本书内容以学生为第一视角，本着由浅入深、循序渐进的原则及先易后难的规律合理安排各个章节，便于学生掌握所需知识，符合学习规律和教学规律，学生上手快，老师易教学。

（2）理论联系实际，注重实践能力的提升。本书在教学方法上采用的是案例驱动与综合实训相结合的方式，每个章节通过案例引领引出知识点，并配有相应的任务，对知识点进行拓展训练，使读者对所学知识有一个完整的基于任务的认知过程。

（3）学以致用，注重能力。以"案例驱动—实用知识点—任务实施—拓展训练"为主线进行编写，注重学习能力和动手能力的培养，达到学以致用的目的。

（4）提供立体化教学资源。本书提供了教学所用的可下载的视频、PPT 课件、课程案例代码等资源，方便老师授课和学生学习。

2. 本书内容介绍

第 1 章"绪论"，讲解了 Java 的诞生和发展历史、JDK 及 Eclipse 的安装和部署等内容。

第 2 章"Java 编程基础"，讲解了常用的 8 种基本数据类型、运算符和表达式、if 语句和 switch 语句、3 种循环语句、2 个流程跳转语句、一维数组和二维数组等内容。

第 3 章"面向对象编程基础"，讲解了面向对象编程中类的概念和特征，包括类的定义和对象的生成、封装的概念和实现、构造方法的重载、this 关键字、继承的实现、super 关键字、多态等内容。

第 4 章"抽象类、接口和包"，讲解了抽象类的概念、抽象方法的定义、抽象类与抽象方法的关系、子类如何继承抽象类并实现抽象类的方法、接口的概念、子类实现接口的方法、抽象类与接口的联系及区别、包的概念与定义、包的导入、Java 权限修饰符等内容。

第 5 章"常用类"，讲解了字符串（String、StringBuffer、StringBuilder）类、基本类型封装类、装箱和拆箱、自动装箱和拆箱、数学类 Math、日期类（Date、Calendar）的使用等内容。

第 6 章 "集合"，讲解了 Java 集合框架、List 接口、泛型、Iterator（迭代器）接口、Set 接口、Map 接口、Collections 类、Comparable 与 Comparator 接口等内容。

第 7 章 "异常"，讲解了 Java 语言异常的概念和类型、异常处理机制、异常的抛出和捕获等内容。

第 8 章 "JDBC"，讲解了 JDBC 技术基础知识和标准 API、数据库连接、数据库访问和对数据的操作（增、删、改、查）、DAO 模式等内容。

第 9 章 "文件和输入输出流"，讲解了 Java 文件操作系统、字节流、字符流、转换流等内容。

第 10 章 "多线程"，讲解了进程和线程的概念、多线程的优缺点、线程的创建方法、线程的状态和常用方法、线程安全问题、线程的同步等内容。

3. 读者定位

本书是 Java 语言的入门级教材，适合于 Java 语言的初学者和零基础编程经验的读者，如果读者具备 C 语言的基础知识，则有助于对本书内容的掌握。

本书主要面向高等职业技术院校，既可作为大中专院校的 Java 程序设计与开发课程的教材，也可以作为读者自学的参考书。

本书的作者团队由经验丰富的一线骨干教师组成。他们教学经验丰富，而且参与了大量的 Java 项目的开发，实战经验丰富。在长期的 Java 教学中，他们将项目开发的经验融入教学中。

本书由重庆工程职业技术学院谢先伟、王海洋任主编，廖清科、杨娟、陈笛任副主编。其中，第 3、4、5、7、9 章由谢先伟编写；第 2、10 章由王海洋编写；第 1 章由廖清科编写；第 8 章由杨娟编写；第 6 章由陈笛编写。谢先伟进行统一审稿，并对全书内容进行了补充和完善。参与本书编写工作的还有万青、邵亮、游祖会、段萍、何晓琴、李崇、任亮、周桐、邱雷等。

在本书的编写过程中，重庆工程职业技术学院唐继红副院长、重庆工程职业技术学院教务处处长杨智勇和大数据与物联网学院伍小兵院长、邓荣书记、周桐副院长给予了大力支持和关心。本书在编写过程中也参考了"传智播客"讲师毕向东老师、MLDN 讲师李兴华老师的讲课案例，在此一并表示感谢。

由于编者水平有限，书中若有不当之处，敬请读者指正。

编 者
2020 年 10 月

目　　录

第 1 章　绪论

项目导读

　　了解 Java 语言的发展历程，理解 Java 语言的特点、Java 程序的工作过程与类型，并运行第一个 Java 程序。本章包含两个任务：任务 1 带你认识 Java 语言，安装 JDK（Java Development Kit），并在控制台运行第一个 Java 程序；任务 2 带你安装 Eclipse，并在 Eclipse 中运行第一个 Java 程序。

教学目标

- 了解 Java 语言的发展历程；
- 理解 Java 语言的特点；
- 理解 Java 程序的工作过程；
- 理解 Java 程序的分类以及两类程序的区别；
- 正确安装和配置 JDK；
- 正确安装和使用 Eclipse；
- 正确编写、编译和运行简单的程序。

任务 1　认识 Java 语言

任务描述

用 Java 语言编写一个控制台应用程序，使用 Java 编译器对其进行编译，程序运行后在控制台输出"Hello World!"。

任务要求

认识 Java 语言、正确安装 JDK 并在控制台运行第一个 Java 程序。

知识链接

1. Java 的诞生

Java 是一种可以撰写跨平台应用程序的面向对象的程序设计语言。它是由 Sun Microsystems 公司（简称 Sun 公司）于 1995 年 5 月推出的 Java 程序设计语言和 Java 平台（即 Java SE、Java EE、Java ME）的总称。

Java 语言的前身被命名为 Oak。第一版 Oak 经历了 18 个月的开发时间，于 1992 年问世，目标定位是作为家用电器等小型系统的编程语言，用以解决诸如冰箱、洗衣机等家用电器的控制和通信问题。由于在之后的应用过程中发现智能化家电的市场需求没有预期的高，Sun 公司准备放弃该项计划。就在 Oak 几近被放弃时，互联网应用的发展为其提供了新的发展契机，Sun 公司看到了 Oak 在计算机网络上的广阔应用前景，于是改造了 Oak，将其以 Java 的名称正式发布。

2. Java 的发展

1995 年 5 月 23 日，在 Sun World 大会上，Java 和 HotJava 浏览器的第一次公开发布标志着 Java 语言正式诞生。

1996 年 1 月 23 日，Java 1.0 正式发布，第一个 JDK（即 JDK 1.0）诞生，其中文译名为 Java 开发工具包。JDK 是整个 Java 的核心，包括了 Java 运行环境、Java 工具和 Java 基础类库。各大知名公司纷纷向 Sun 公司申请 Java 的使用许可。一时间，Netscape、惠普、IBM、Oracle、Sybase 公司甚至当时刚推出 Windows 95 的微软公司都是 Java 的追随者。

1997 年 2 月 18 日，JDK 1.1 发布。之后的一年内，其被下载的次数超过两百万次。

1997 年 4 月 2 日，JavaOne 会议（每年举行一次的程序开发技术大会，会上会介绍 Java 的新技术）召开，参与者超过一万人，人数创当时全球同类会议规模之纪录。同年，Java Developer Connection 社区成员超过十万人。

1998 年 12 月 8 日，Java 2 平台正式发布。

1999 年 6 月，Sun 公司发布了 Java 的 3 个版本：标准版（J2SE）、企业版（J2EE）和微型版（J2ME）。以上 3 个版本构成了 Java 2，即 Sun 公司把最初的 Java 技术打包成 3 个版本。

2000 年 5 月 8 日，Sun 公司发布了 JDK 1.3。

2000 年 5 月 29 日，Sun 公司发布了 JDK 1.4。

2001 年 9 月 24 日，Sun 公司发布了 J2EE 1.3。

2002 年 2 月 26 日，Sun 公司发布了 J2SE 1.4，自此，Java 的计算能力有了大幅提升。

2004 年 9 月 30 日，Sun 公司发布了 J2SE 1.5，其成为 Java 语言发展史上的又一里程碑。为了表示该版本的重要性，J2SE 1.5 更名为 Java SE 5.0。在 Java SE 5.0 版本中，Java 引入了泛型编程（Generic Programming）、类型安全的枚举、不定长参数和自动装箱 / 拆箱等语言特性。

2005 年 6 月，在召开的 JavaOne 大会上，Sun 公司发布了 Java SE 6。此时，Java 的一些版本已经更名：J2EE 更名为 Java EE，J2SE 更名为 Java SE，J2ME 更名为 Java ME。

2006 年 12 月，Sun 公司发布 JRE 6.0。

2009 年 4 月 20 日，Oracle 公司（中文译名为甲骨文公司）以 74 亿美元收购 Sun 公司，取得了 Java 的版权。

2010 年 9 月，JDK 7.0 发布，增加了简单闭包功能。

2011 年 7 月，Oracle 公司发布了 Java 7 的正式版。

2014 年 3 月，Oracle 公司发布了 Java 1.8 版本，Oracle 公司官方称其 Java 8。

2018 年 9 月，Oracle 公司发布了 Java 11 的正式版。

2020 年 3 月，Oracle 公司发布了 Java 14 的正式版，也是目前（2020 年 6 月）的最新稳定版本。

Java 平台由 Java 虚拟机和 Java 应用编程接口构成。Java 应用编程接口为 Java 应用提供了一个独立于操作系统的标准接口，可分为基本部分和扩展部分。在硬件或操作系统平台上安装一个 Java 平台之后，Java 应用程序就可运行。现在 Java 平台已经嵌入了几乎所有的操作系统。这样 Java 程序只编译一次，就可以在各种系统中运行。

Java 分为三个体系，即 Java 平台标准版、Java 平台企业版和 Java 平台微型版。

Java 技术具有卓越的通用性、高效性、平台移植性和安全性，广泛应用于个人计算机、数据中心、游戏控制台、科学超级计算机、移动电话和互联网，同时拥有全球最大的开发者专业社群。在全球云计算和移动互联网的产业环境下，Java 具备显著的优势和广阔的发展前景。

3. Java 语言的特点

Java 语言是当前最流行的网络编程语言之一，具有如下的优点：简单性、平台无关性、面向对象、分布式、较高的安全性、支持多线程、健壮性和动态性等。

（1）简单性。与 C++ 相比，Java 不再支持运算符重载、多级继承及广泛的自动强制等易混淆和极少使用的特性，但增加了内存空间自动垃圾收集的功能。复杂性的降低和实用功能的增加使得 Java 程序开发变得简单又可靠。

（2）平台无关性。平台无关性是 Java 最吸引人的地方。Java 语言是一种网络语言，而网络上有各种不同类型的机器和操作系统。Java 采用了解释执行而不是编译执行的运行环境，首先将代码编译成字节码，然后进行装载与校验，再将其解释成不同的机器码来执行，即 Java 虚拟机的思想，这样就屏蔽了具体的平台环境的要求。

（3）面向对象。面向对象的技术具有继承性、封装性和多态性等多种优点，Java 在保留这些优点的基础上，又具有动态编程的特性，更能发挥出面向对象的优势。

（4）分布式。Java 建立在扩展的 TCP/IP 网络平台上。库函数提供了用 HTTP 和 FTP 协议传送和接受信息的方法。Java 应用程序通过 URL 对象访问网络资源，这使得程序员使用网络上的文件就像使用本地文件一样容易。

（5）安全性。作为网络开发语言，Java 有建立在公共密钥技术基础上的确认技术，提供了足够的安全保障。Java 在运行应用程序时，严格检查其访问数据的权限，不允许网络上的应用程序修改本地的数据。同时，Java 程序运行稳定，轻易不会出现死机现象。

（6）支持多线程。多线程机制使应用程序能同时进行不同的操作及处理不同的事件。Java 有一套成熟的同步语言，保证了对共享数据的正确操作。通过使用多线程，程序设计者可以分别用不同的线程来完成特定的任务。

（7）健壮性。健壮性反映出程序的可靠性。Java 的几个内置特性使程序的可靠性得到改进，具体如下：

● Java 是强类型语言，其编译器和类载入器保证所有方法调用的正确性，防止隐式类版本的不兼容性。

● Java 没有指针，不能引用内存指针，避免了内存或数组越界访问。

● Java 进行自动内存回收，避免了编程人员意外释放内存，不需要判断应该在何处释放内存。

● Java 在编译和运行时，都要对可能出现的问题进行检查，以消除错误的产生。另外，在编译的时候，还可检查出可能出现但尚未被处理的异常，以防系统崩溃。

（8）动态性。Java 在类库中可以自由地加入新方法和实例变量，而不影响用户程序的执行；同时，Java 通过接口支持多重继承，使其更具有灵活性和扩展性。

Java 语言除了具有上述主要特点外，还具有高性能、解释性和可移植性等特点。

4. Java 程序的分类

根据程序结构和运行环境的不同，Java 程序可以分为两类：Java 应用程序（Java Application）和 Java 小应用程序（Java Applet）。

Java Application 以 main() 方法作为程序入口，由 Java 解释器加载执行。Java 应用程序是完整的程序，能够独立运行。

Java Applet 不使用 main() 方法作为程序入口，不能独立运行，需要嵌入到 HTML 网页中运行，由 Appletviewer 或其他支持 Java 的浏览器加载执行。

无论哪种 Java 源程序，都用扩展名为 ".java" 的文件来保存。

（1）Java Application。Java Application 是可独立运行的 JVM（Java Virtual Machine）程序。它由一个或多个类组成，其中必须有一个类中定义了 main() 方法。main() 方法就像 C 语言的 main() 方法一样，是 Java Application 运行的入口。

Java Application
程序编写举例

编写和运行 Java Application 需要按下列步骤进行。

1）创建一个 Java Application 源程序（扩展名为".java"）。创建一个名为 HelloWorldApp.java 的文件，可在任何字符编辑器上输入并保存下列 Java 源程序代码：

```
public class HelloWorldApp {
  public static void main(String args[]) {
    System.out.println("Hello World!"); // 在控制台上输出字符串"Hello World!"
  } //main() 方法结束
} //class 定义结束
```

上述程序的实质是创建一个名为 HelloWorldApp 的类，并把它保存在与其同名的文件（HelloWorldApp.java）中。

一个 Java 源程序是由若干个类组成的，上述程序中只有一个类。class 是 Java 的关键字，用来定义类；public 也是 Java 的关键字，用来声明一个类是公共类。

Java 源文件的命名规则如下：如果一个 Java 源程序中有多个类，那么只能有一个类是 public 类；如果有一个类是 public 类，那么 Java 源程序的名字必须与这个类的名字完全相同，扩展名是".java"；如果 Java 源文件中没有 public 类，那么 Java 源文件的名字只要与某个类的名字相同，而且扩展名是".java"就可以了。

应用程序的入口是 main() 方法，它有固定的书写方式：

```
public static void main(String args[]) {
    ......
}
```

main() 方法之后的大括号及括号内的内容叫作方法体。一个 Java Application 应用程序必须有且仅有一个类含有 main() 方法，这个类称为应用程序的主类。public、static 和 void 用于对 main() 方法进行声明。在一个 Java Application 中，main() 方法必须被声明为"public static void"，public 声明 main() 是公有的方法，static 声明 main() 是一个静态方法，而 void 则表示 main() 方法没有返回值，可以通过类名直接调用。

在定义 main() 方法时，"String args[]"用来声明一个字符串类型的数组 args，它是 main() 方法的参数，用来接收程序运行时所需要的参数。

上述的 main() 方法中只有一条语句：

```
System.out.println("Hello World!");   // 在控制台上输出字符串"Hello World!"
```

这个语句是把字符串"Hello World!"输出到系统的标准输出设备上，例如屏幕。其中，System 是系统类的对象，out 是 System 对象中的一个对象，表示标准输出；println() 是 out 对象的一个方法，其作用是在系统标准输出上显示形参里指定格式的字符串，并回车换行；"//"代表注释，用来说明这一条语句的功能，注释主要用来提高程序的可读性，不会参与程序的编译。

2）对已创建好的 Java 源程序进行编译。该步骤是用 Java 编译器对 Java 源程序进行编译，生成对应的字节码文件（扩展名为".class"）。如果编译成功，会产生一个文件名相同的带".class"扩展名的字节码文件。

进行编译的命令格式如下：

```
javac HelloWorldApp.java
```

如果编译中不出现错误，将会得到一个 HelloWorldApp.class 文件。编译选项使用默认方式。

3）解释执行已编译成功的字节码文件。用 Java 解释器对 Java 字节码文件解释执行。将上述得到的 HelloWorldApp.class 用 Java 解释器执行：

```
java HelloWorldApp
```

执行上述命令后，将会在标准输出设备上输出如下的结果：

```
Hello World!
```

Java 解释器在解释执行时，解释处理的是类，而不是文件名，所以在命令 java 后面跟随的是类名（HelloWorldApp），而不能写成文件名的形式（HelloWorldApp.class），其选项是使用默认的方式。

（2）Java Applet。一个 Java Applet 也是由若干个类组成的。Java Applet 不再需要 main() 方法，但必须有且仅有一个类扩展了 Applet 类（或 JApplet 类），即它是 Applet 类的子类，这个类称为 Java Applet 的主类。Java Applet 的主类必须是 public 的，Applet 类是系统提供的类。

Java Applet 与 Java Application 的区别在于执行方式不同。Java Application 是从 main() 方法开始运行的；而 Java Applet 是在浏览器中运行的，即必须创建一个 HTML 文件，通过编写 HTML 代码告诉浏览器载入何种 Java Applet 以及如何运行。

开发 Java Applet 的步骤如下所述。

1）编写 Java Applet 源程序，将其保存为扩展名为 ".java" 的文件。

2）编译 Java Applet 源程序，生成字节码文件（扩展名为 ".class"）。如果 Java 源文件包含了多个类，则会生成多个扩展名为 ".class" 的文件，都与 Java Applet 源文件存放在相同的目录下。如果对 Java Applet 源文件进行了修改，那么必须重新进行编译，生成新的字节码文件。

3）编写一个 HTML 文件，即含有 applet 标记的 Web 页，嵌入字节码文件 "*.class"。

Java Applet 程序
编写举例

4）运行 Java Applet。

案例 1-1　开发一个输出 "Hello World !!" 的 Java Applet。

本案例的实现步骤如下所述。

以文件名 "HelloWorldApplet.java" 保存 Java Applet 源程序。程序代码如下：

```
// 文件 HelloWorldApplet.java
import java.awt.*;                              // 引入 java.awt 包中的类
import java.applet.*;                           // 引入 java.applet 包中的类
public class HelloWorldApplet extends Applet {  // 继承 Applet
    public void paint(Graphics g) {             // 重写 paint 方法
        g.drawString("Hello World !!", 50, 40 ); // 在 (50, 40) 位置输出字符串
```

```
    }
}
```

编写嵌入字节码文件的 HTML 文件，即 HelloWorldApplet.html，代码如下：

```
<html> <!-- 标识 HTML 文件的开始 -->
<!-- 告诉浏览器将运行一个 Java Applet-->
<applet code="HelloWorldApplet.class" width="200" height="80"></applet>
</html> <!-- 标识 HTML 文件的结束 -->
```

使用 JDK 编译 Java Applet：

```
javac HelloWorldApplet.java
```

使用 JDK 提供的 appletviewer 运行程序：

```
appletviewer HelloWorldApplet.html
```

提醒：Java Applet 必须创建一个 Applet 或 JApplet 的子类。Java Applet 中不需要有 main() 方法。

5. Java 程序的工作过程

Java 语言包括 3 种核心机制：Java 虚拟机、垃圾收集机制和代码安全检测。

Java 程序的开发过程大致分为以下 3 个阶段。

（1）编写 Java 源文件。将编辑好的 Java 源程序以扩展名 ".java" 保存起来，即保存成 "*.java" 文件。

（2）编译 Java 源程序。使用 Java 编译器编译 "*.java" 源程序，从而得到字节码文件 "*.class"。

（3）运行 Java 程序。

Java 程序的开发流程如图 1-1 所示。

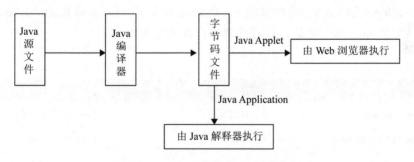

图 1-1　Java 程序的开发流程

从图 1-1 中可以看出，一个 Java 源文件首先应保存为扩展名为 ".java" 的文件，通过 Java 编译器产生字节码文件。

如果编写的是 Java Applet，可以直接由 Web 浏览器解释运行；对于 Java Application，则由 Java 解释器执行。

在本书中，我们主要讲解 Java Application，对 Java Applet 感兴趣的读者可以参考其他相关书籍进行学习。

6. Java 程序的开发过程

Java 最常用的开发平台是 JDK，Java 语言的主流开发环境是 JDK + Eclipse，下面介绍如何下载和安装 JDK 及配置 JDK 的环境变量。

JDK 是 Sun 公司（现在是 Oracle 公司）提供的 Java 开发环境和运行环境，是所有 Java 应用程序的基础。它包括一组 API 和 JRE（Java 运行时的环境），API 是构建 Java 应用程序的基础，JRE 是运行 Java 应用程序的基础。JDK 包括 J2ME（微型版）、J2SE（标准版）和 J2EE（企业版）3 个版本，最基本的开发包是 J2SE。

JDK 为免费开源的开发环境，任何开发人员都可以直接从 Oracle 公司的官方网站下载程序安装包。本书使用的 JDK 版本为 JDK 8，操作系统平台为 Windows 系统。

Java 开发平台是一种能够运行 Java 程序并且支撑 Java 程序开发的软件系统，包括 Java 虚拟机和 Java API 两部分。Java 开发平台结构图如图 1-2 所示。

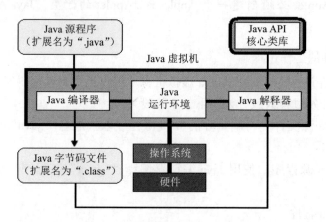

图 1-2　Java 开发平台结构图

Java Development Kit 8（简称 JDK 8）是 Java 开发工具包，Java Runtime Environment 8（简称 JRE 8）是 Java 运行环境，Java 开发平台描述见表 1-1。

表 1-1　Java 开发平台

英文名称	英文缩写	中文名称
Java Development Kit 8	JDK 8	Java 开发工具包
Java Runtime Environment 8	JRE 8	Java 运行环境

案例 1-2　JDK 的安装与配置。

对于 JDK 的安装及配置，需按下面的步骤来完成。

（1）下载 JDK。JDK 是一个开源、免费的工具，可以从 Oracle 公司的官方网站 http://www.oracle.com 免费下载。本书使用的是 Java SE Development Kit 8u171，下载的安装文件为 jdk-8u171-windows-x64.exe。

JDK 的安装与配置

（2）安装 JDK。双击下载的安装文件（可执行程序），启动安装过程，安装向导会弹出如图 1-3 所示的安装 JDK 的界面，界面显示了可选择的安装路径和安装组件，如果没有特殊要求，保留默认设置即可。

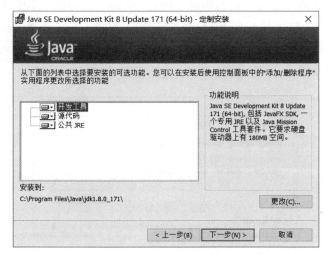

图 1-3　安装 JDK 的界面

　　单击"下一步"按钮，之后按照向导提示操作即可。安装后会在 C:\Program Files\java 路径下创建名为"jdk1.8.0_171"和"jre1.8.0_171"的两个文件夹。jdk1.8.0_171 文件夹下包含了运行 Java 程序所需的编辑工具、运行工具，以及类库。jre1.8.0_171 文件夹下仅包含了一个运行时的环境，无法完成对 Java 程序进行编译等任务。jdk1.8.0_171 文件夹下的目录结构如图 1-4 所示。

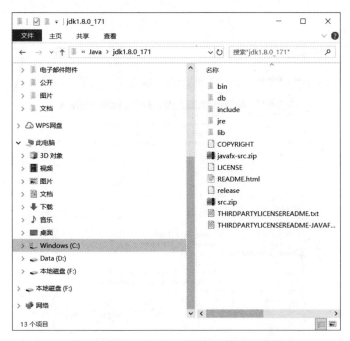

图 1-4　jdk1.8.0_171 文件夹下的目录结构

　　（3）环境配置。下面介绍在 Windows 10 中配置环境变量的步骤（其他系统的操作过程与之类似）。

　　在 Windows 系统中，右击"我的电脑"图标，从弹出的快捷菜单中选择"属性"命令，在弹出的"系统属性"对话框中选择"高级"选项卡，如图 1-5 所示，单击"环境变量"按钮，出现如图 1-6 所示的"环境变量"对话框，在此分别对 JAVA_HOME、Path、CLASSPATH 三个环境变量进行设置。

图 1-5　"高级"选项卡

图 1-6　"环境变量"对话框

1）系统环境变量 JAVA_HOME 的设置。JAVA_HOME 用于指明 JDK 在当前环境中的安装位置，为了简化环境变量的设置，先设定 JDK 的安装目录。在图 1-6 中单击"新建"按钮打开"新建系统变量"对话框，新建一个系统变量，将其命名为 JAVA_HOME，并设置其值为"C:\Program Files\Java\ jdk1.8.0_171"，如图 1-7 所示。

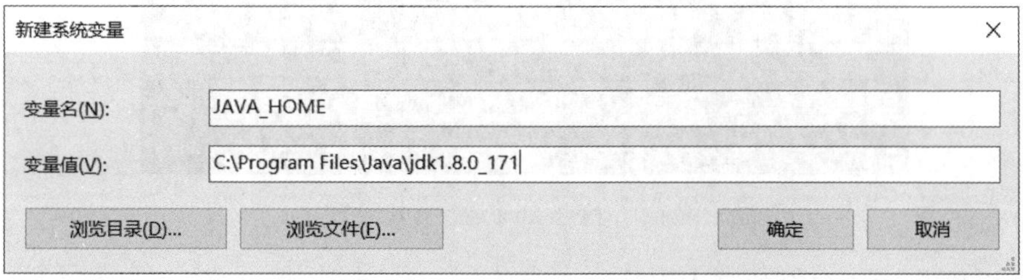

图 1-7　JAVA_HOME 环境变量的设置

2）系统环境变量 Path 的设置。一般情况下，Path 的值已经存在，我们只需要在该变量值的最后添加 Java 的各种可执行文件（例如，java.exe、javac.exe 等）的搜索路径即可。在"环境变量"对话框的"系统变量"列表中找到 Path 变量，单击"编辑"按钮，弹出"编辑系统变量"对话框，在"变量值"文本框内的字符串后边添加";%Java_HOME%\bin;"，如图 1-8 所示。

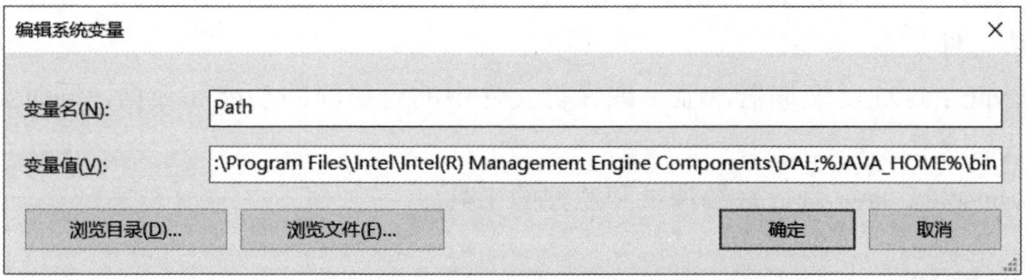

图 1-8　Path 环境变量的设置

3）系统环境变量 CLASSPATH 的设置。顾名思义，CLASSPATH 就是类的路径。该变量的值表示 Java 虚拟机去哪里查找程序中用到的第三方或者自定义的类文件。我们需要新建一个系统变量，将其命名为 CLASSPATH，并设置其值为".;%Java_HOME%\lib;%Java_HOME%\jre\lib"或者".;%Java_HOME%\lib\tools.jar;%Java_HOME%\lib\dt.jar;%Java_HOME%\jre\lib\rt.jar;"。

注意：在上面变量值中，不要漏掉"."，它代表当前路径，也就是在当前路径下寻找需要的类。

提示：在 JDK 1.4 及以前版本的 JDK 中，必须配置 CLASSPATH 环境变量；在 JDK 1.5 及其以后的版本中，不用配置 CLASSPATH 环境变量也可正常编译和运行 Java 程序。

4）检查 Java 运行环境设置。在环境变量设置完成之后，需要测试 JVM 是否能正常工作。打开 DOS 窗口，输入如下命令：

```
java –version
```

若出现如图 1-9 所示的信息，就说明环境变量设置成功了。如果显示找不到相应的命令，则说明环境变量设置不正确，需要重新设置环境变量。

图 1-9　检查 Java 运行环境设置

成功安装的 JDK 包含的基本组件如下：

- javac：编译器，将源程序转成字节码。
- jar：打包工具，将相关的类文件打包成一个文件。
- javadoc：文档生成器，从源码注释中提取文档。
- jdb：debugger（调试器），查错工具。
- java：运行编译后的 Java 程序（扩展名为 .class）。
- appletviewer：小程序浏览器，执行 HTML 文件上的 Java 小程序的 Java 浏览器。
- javah：产生可以调用 Java 过程的 C 过程，或建立能被 Java 程序调用的 C 过程的头文件。
- javap：Java 反汇编器，显示编译类文件中的可访问的功能和数据，同时显示字节代码含义。
- jconsole：Java 进行系统调试和监控的工具。

实现方法

1. 分析题目

分析任务要求，通过以下方法完成本任务。

（1）编写 Java 源文件（扩展名为 ".java"）。

（2）编译 Java 源文件（扩展名为 ".java"），生成字节码文件（扩展

任务 1-1 的实现

名为 ".class"）。

（3）解释执行字节码文件（扩展名为 ".class"）。

提醒：这个程序只实现控制台的输出功能。程序的编写、编译和运行工作将分别利用记事本程序和 JDK 完成。控制台应用程序是考虑与面向过程的编程兼容而设置的程序类型，其主要特征如下所述。

- 程序的用户界面为非图形化的 DOS 风格界面。
- 程序运行的逻辑由预定的流程来控制。
- 人机交互以文本字符为主。
- 输入设备以键盘为主。

2.　实施步骤

（1）运行记事本程序打开记事本，在记事本中输入以下代码：

```
// 这是名称为"HelloWorld.java"的简单程序
public class HelloWorld {
  //Java 程序入口
    public static void main(String args[]) {
    // 在控制台输出"Hello World!"
    System.out.println("Hello World!");
  }
}
```

把文件保存到 C:\myjava 路径下，取名为"HelloWorld.java"。

提醒：Java 程序中是严格区分大小写英文字母的。

对上述程序的说明如下：

第 1 行为注释行。在程序中插入注释可增加程序的可读性，便于他人理解程序。在程序运行时，注释行不起任何作用，Java 程序编译环境将忽略所有注释内容。

提醒：

● 以"//"开始的注释称为单行注释。

● 以"/*……*/"表示的注释称为多行注释，这种注释能够连续跨越多行文本，中间的所有行都为注释内容。

● 还有一种注释与多行注释类似，称为文档注释，它以分隔符"/**"开始，以分隔符"*/"结束，中间的部分为文档注释内容。

● 文档注释是 Java 语言所特有的一种注释方式，可以使编程人员把程序文档嵌入程序代码中。使用 JDK 中的 javadoc 命令，可以生成程序帮助文档。

第 6 行为控制台的输出行，用来实现信息字符串的输出。控制台应用程序引入了 java.lang 包中的 System 类。java.lang 包是 Java 程序开发必不可少的一个基础包，Java 系统会自动引入该包中所有的类。out 为 System 类中的一个标准输出流对象，默认为显示器。println() 为 out 对象的一个方法，其功能是向输出设备输出方法参数所包含的信息并自动换行。

提醒：println() 方法如果没有参数，则只起到换行的作用。System.out 也提供了不换行的输出方法 print()，其功能是输出参数的内容后并不自动换行，光标定位在输出的最后一个字符后面。

（2）编译 Java 程序。

1）选择 Windows 系统的"开始"→"运行"命令，在打开的"运行"对话框中输入 cmd，然后按 Enter 键进入 DOS 命令窗口。在 DOS 命令符下，输入 DOS 命令进入存储源文件的目录，该目录的路径为 C:\myjava，如图 1-10 所示。

2）编译源程序的命令是 javac，如图 1-11 所示。

如果编译成功，会产生一个与源程序同名的字节码文件；如果编译失败，则会出现错误提示，此时需要修改源文件，修改完成后保存源文件，然后再重新编译源文件，直到没有错误提示为止。

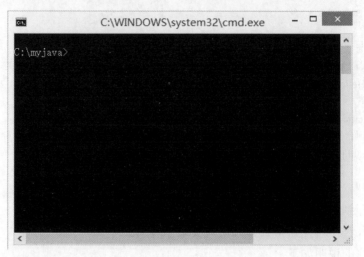

图 1-10　DOS 命令窗口

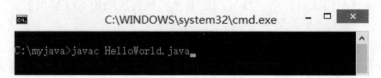

图 1-11　编译 HelloWorld.java 源文件

提醒：源程序通常出现的问题有以下几种。

● 程序中使用了中文标点符号。

● 括号不匹配，即括号没有成对出现。

● 程序代码中的英文大小写错误。

● 程序代码语法错误。

（3）解释运行应用程序。运行编译好的程序的命令是 java，如图 1-12 所示。

图 1-12　解释执行字节码文件

（4）检查程序的运行结果。本程序的运行结果如图 1-13 所示。

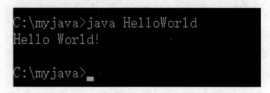

图 1-13　HelloWorld.java 程序的运行结果

任务 2　安装 Eclipse

任务描述

在 Eclipse 中创建第一个 Java 项目，项目名为 "Chapter01"，在该项目中创建一个包，包名为 "cn.cqvie.chapter01.project1"，并在该包中创建一个类，类名为 "Welcome.java"。该程序的功能是在屏幕上显示 "欢迎大家使用 Eclipse"。编译、运行该程序。

任务要求

正确安装、配置 Eclipse，并在 Eclipse 中运行第一个 Java 程序。

知识链接

1. Eclipse 简介

在开发 Java 程序的过程中，有很多开发工具可供选择。用户可以根据项目的性质和用途选择适合的开发工具。主流的开发工具有 TextPad、JCreator、NetBeans、Eclipse、JBuilder、MyEclipse 等，其中使用最广泛的是 Eclipse。

Eclipse 是一个免费的、开放源代码的、基于 Java 的可扩展集成开发平台。Eclipse 本身只是一个框架和一组服务，用于通过插件、组件构建开发环境。只要有合适的组件，Eclipse 不但能够支持开发 Java 应用程序，而且也能够支持其他语言开发的应用程序。由于 Eclipse 附带了一个包括 Java 开发工具（Java Development Tools，JDT）的标准插件集，因此，只要安装了 Eclipse 和 JDT，就可以使用 Eclipse 开发 Java 应用程序。如果为 Eclipse 装上 C/C++ 的插件（CDT），就可以把它当作一个 C/C++ 开发工具来使用，可见，Eclipse 的扩展性很强。

Eclipse 有几个下载版本，本书使用 Eclipse SDK 版本。Eclipse SDK 包含 Eclipse 平台、Java 开发工具、插件开发环境、相关的源代码和文档等内容。相应的安装文件压缩包是 "eclipse-SDK-3.7-win32.zip"，该压缩文件中的 Eclipse 版本是 3.7，其只能在 Windows 下安装。

在安装 Eclipse 之前，先要安装、配置好 JDK，然后才可以安装 Eclipse 工具。

2. Eclipse 的版本发展

Eclipse 是目前最受欢迎的跨平台的 Java 自由集成开发环境（IDE）之一。Eclipse 最初是由 IBM 公司开发的，2001 年 11 月被贡献给开源社区，现在由非营利软件供应商联盟 Eclipse 基金会（Eclipse Foundation）管理。

2001 年 11 月 7 日，Eclipse 1.0 发布。目前已知的 Eclipse 各版本代号如下：

- Eclipse 3.1 版本代号为 IO，中文译名为 "木卫一，伊奥"。
- Eclipse 3.2 版本代号为 Callisto，中文译名为 "木卫四，卡里斯托"。

- Eclipse 3.3 版本代号为 Eruopa，中文译名为"木卫二，欧罗巴"。
- Eclipse 3.4 版本代号为 Ganymede，中文译名为"木卫三，盖尼米德"。
- Eclipse 3.5 版本代号为 Galileo，中文译名为"伽利略"。
- Eclipse 3.6 版本代号为 Helios，中文译名为"太阳神"。
- Eclipse 3.7 版本代号为 Indigo，中文译名为"靛青"。
- Eclipse 4.2 版本代号为 Juno，中文译名为"朱诺"。
- Eclipse 4.3 版本代号为 Kepler，中文译名为"开普勒"。
- Eclipse 4.4 版本代号为 Luna，中文译名为"卢娜，月神"。
- Eclipse 4.5 版本代号为 Mars，中文译名为"火星"。

在安装 Eclipse 之前，必须安装好 JRE 或 JDK（包括 JRE）。实际上只要有 JRE 就可以运行 Eclipse。

提醒：Eclipse 要求计算机上必须预先安装完成 1.5 或更高版本的 JRE，否则 Eclipse 不能工作。

3. Eclipse 的下载和安装

Eclipse 的下载和安装

（1）Eclipse 的下载。Eclipse 的安装程序可以从 Eclipse 官方网站上获得。Eclipse 可以安装在各种操作系统下。若在 Windows 系统下安装 Eclipse 作为 Java 开发环境，除了需要安装 Eclipse 之外，还需要安装 Java 的 JDK 或 JRE。

（2）Eclipse 的安装。Eclipse 属于绿色软件，安装程序不会往注册表中写入信息。Eclipse 安装程序是一个压缩包，只需要进行解压缩就可以运行 Eclipse 了。在解压缩后的 eclipse 文件夹中可以找到 eclipse.exe，双击该可执行文件运行 Eclipse，如图 1-14 所示。

.metadata	2015/5/28 0:31	文件夹	
configuration	2016/4/15 23:49	文件夹	
dropins	2011/9/9 16:32	文件夹	
features	2015/5/28 0:31	文件夹	
p2	2015/5/28 0:31	文件夹	
plugins	2015/5/28 0:31	文件夹	
readme	2015/5/28 0:31	文件夹	
.eclipseproduct	2010/7/29 10:36	ECLIPSEPRODUC...	1 KB
artifacts.xml	2015/3/26 19:27	XML 文件	121 KB
cqvie	2015/4/27 17:10	文件	2 KB
eclipse.exe	2011/3/21 16:05	应用程序	52 KB
eclipse.ini	2015/5/31 1:06	INI 文件	1 KB
eclipse.ini.bak	创建日期: 2015/5/28 0:31	BAK 文件	1 KB
eclipsec.exe	大小: 52.0 KB	应用程序	24 KB
epl-v10.html	2005/2/25 18:53	360 se HTML Do...	17 KB
notice.html	2011/2/4 15:39	360 se HTML Do...	9 KB
OGLdpf.log	2015/5/21 9:35	文本文档	0 KB

图 1-14　Eclipse 压缩包解压后的文件及目录

第一次启动 Eclipse 时会提示设置工作空间，我们可以自定义一个目录，也可以选择默认目录。设置完成后，单击 OK 按钮进入 Eclipse 的 Welcome（欢迎）界面，如图 1-15 所示。

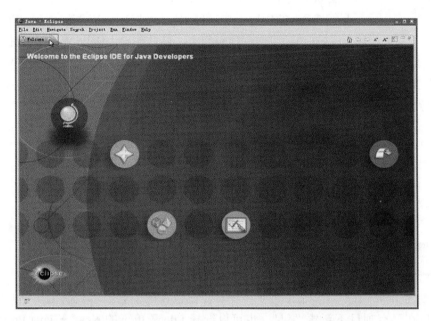

图 1-15　Eclipse 的 Welcome（欢迎）界面

单击图 1-15 中的关闭按钮（左上方的◪）可关闭 Welcome 界面，进入 Eclipse 开发界面，如图 1-16 所示。

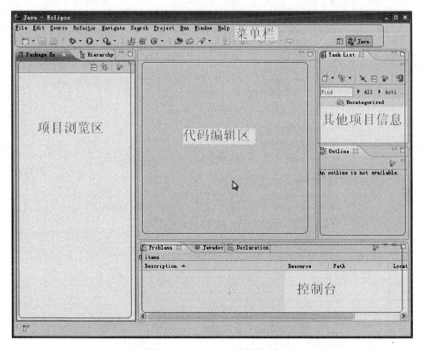

图 1-16　Eclipse 开发界面

Eclipse 的基本使用

4. Eclipse 的基本使用

下面以案例 1-3 为例演示 Eclipse 的使用方法。

案例 1-3　在 Eclipse 中，创建名字为"HelloWorld"的 Java Project（Java 项目），并在该项目中创建包和类，最后输出"Hello World"到控制台。

（1）启动 Eclipse。双击 eclipse.exe 启动 Eclipse，出现如图 1-17 所示的"Workspace Launcher"对话框，在该对话框中设置项目的默认路径（即工作空间对应的路径）。最后单击 OK 按钮，即进入 Eclipse 主界面。

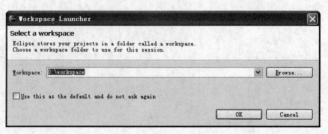

图 1-17　设置工作空间对应的路径

（2）创建 Java 项目。进入 Eclipse 环境后，在包视图中会显示当前工作空间中已有的项目，可以在已有项目下新建"包"，也可以选择 File 菜单下的 New → Java Project 命令，或者单击工具栏上的"New Java Project"按钮，新建一个项目。选择 New → Java Project 命令后，系统将弹出如图 1-18 所示的创建 Java 项目窗口。

图 1-18　创建 Java 项目窗口

在图 1-18 中的项目名称（Project name）文本框中处输入项目名称，如 Chapter01。在 Project layout 选项组中，如果选择"Create separate folders for sources and class files"选项，在项目文件夹中就会建立两个子文件夹（src 和 bin），分别存放扩展名为".java"和扩展名为".class"的文件；如果采用默认项（Use project folder as root for sources and class files），项目中的文件都将存放在项目文件夹中。其他选项都可以采用图 1-18 中所示的默认选项，单击 Finish 按钮完成 Java 项目创建，此时在包视图上便可以看到，系统创建了一个新的项目 Chapter01。

（3）创建 Java 包。Java 类的定义必须存在于包中。如果没有创建包，当在项目中创建新的 Java 类时，系统就采用隐含的无名包。如果需要自己的包，创建新项目后，可以在项目中创建有名包，然后在包中创建类。在 Package Explorer 管理器视图中选择新建的项目 Chapter01，打开该项目后选择 src 节点，然后右击，在弹出的快捷菜单中选择 New 命令，再选择 Package 选项，弹出如图 1-19 所示的创建包窗口。在图 1-19 中的 Name 文本框中输入包名"cn.cqvie.chapter01.exam1"，单击 Finish 按钮，完成包的创建。此时在 Package Explorer 管理器视图中可以看到，在 Chapter01 项目下创建了一个名为"cn.cqvie.chapter01.exam1"的包。

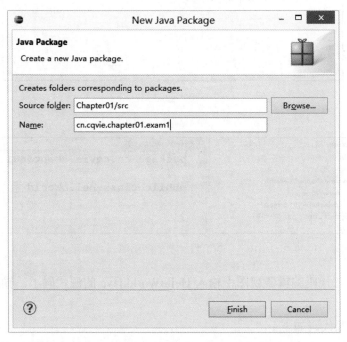

图 1-19　创建包窗口

（4）创建类并执行 Java 程序。在 Package Explorer 管理器视图中选中"cn.cqvie.chapter01.exam1"包名，然后右击，在弹出的快捷菜单中选择 New 命令，再选择 Class 选项，弹出如图 1-20 所示的创建类窗口，在 Name 文本框输入类名"HelloWorld"，单击 Finish 按钮，完成类的定义。此时可以在 Package Explorer 管理器视图中看到，在项目 Chapter01 中创建了一个名为"HelloWorld.java"的类，如图 1-21 所示。

New Java Class

Java Class
Create a new Java class.

Source folder:	Chapter01/src	Browse...
Package:	cn.cqvie.chapter01.exam1	Browse...
☐ Enclosing type:		Browse...

Name: HelloWorld
Modifiers: ● public ○ default ○ private ○ protected
☐ abstract ☐ final ☐ static

Superclass: java.lang.Object | Browse...
Interfaces: | Add...
| Remove

Which method stubs would you like to create?
☐ public static void main(String[] args)
☐ Constructors from superclass
☑ Inherited abstract methods
Do you want to add comments? (Configure templates and default value here)
☐ Generate comments

Finish   Cancel

图 1-20 创建类窗口

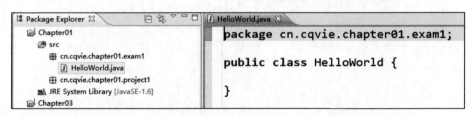

图 1-21 类的结构图

此时就可以在代码编辑器视图中输入 HelloWorld.java 的源代码了。输入完成后，保存即可。

案例 1-3 的源代码如下：

```
package cn.cqvie.chapter01.exam1;
public class HelloWorld {
    public static void main(String[] args) {
        // 输出 Hello World 到控制台
        System.out.println("Hello World");
    }
}
```

在 Eclipse 中，一般采用自动编译方式，每当保存一个源程序文件时，系统都会在保存之前先对代码进行编译，如出现编译错误，错误信息就会显示在 Problems 视图中。开发者根据错误信息修改完代码后，执行保存命令，系统即可保存并编译文件。

最后选中项目中含有 main() 方法的类名，单击工具栏上 Run 按钮右侧的下三角按钮，在弹出的下拉菜单中选择 Run As → Java Application 命令，即可运行 Application 类型的 Java 程序。案例 1-3 程序的运行结果如图 1-22 所示。

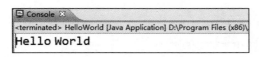

图 1-22　案例 1-3 程序的运行结果

Eclipse 的应用非常广泛，对于不同的开发项目定制了不同的界面布局及个性化的功能，为开发者提供了很大的便利，读者可以根据学习的深入和实际需要进行设置。

实现方法

1. 分析题目

分析任务要求，通过以下方法完成本任务。

任务 1-2 的实现

（1）创建一个名为 Chapter01（前提是 Chapter01 项目不存在）的 Java 项目。

（2）在 Chapter01 项目中新建一个包，包名为"cn.cqvie.chapter01.project1"。

（3）在新建的包中创建一个名为 Welcome 的 Java 源文件。

（4）编写 main() 方法，在 Welcome.java 中实现输出功能。

（5）运行程序，并观察程序运行结果。

2. 实施步骤

（1）创建 Java 项目。进入 Eclipse 后，在 Package Explorer 管理器视图中右击，选择 New 命令，再选择 Java Project 项，新建一个 Java 项目，系统将弹出如图 1-23 所示的创建 Java 项目窗口。

在项目名称（Project name）文本框中输入项目名称 Chapter01，单击 Finish 按钮完成 Java 项目的创建。在 Package Explorer 管理器视图上可以看到，系统创建了一个新的项目 Chapter01。

（2）创建 Java 包。在 Package Explorer 管理器视图中选择项目 Chapter01，打开该项目后，选择 src 节点，然后右击，在弹出的快捷菜单中选择 New 命令，再选择 Package 选项，弹出如图 1-24 所示的创建 Java 包窗口，在 Name 文本框中输入包名"cn.cqvie.chapter01.project1"，单击 Finish 按钮，完成包的创建。此时，在 Package Explorer 管理器视图中可以看到，在 Chapter01 项目下创建了一个名为"cn.cqvie.chapter01.project1"的包。

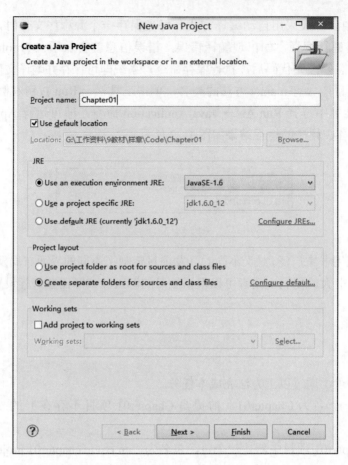

图 1-23　创建 Java 项目窗口

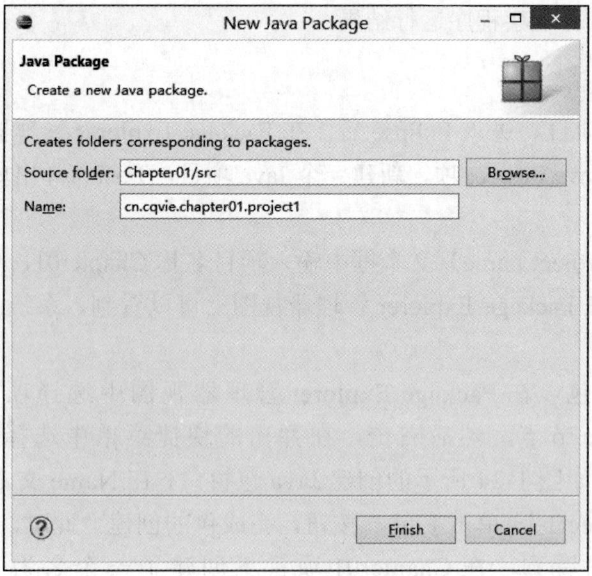

图 1-24　创建 Java 包窗口

（3）创建类。在 Package Explorer 管理器视图中，选中"cn.cqvie.chapter01.project1"包名，然后右击，在弹出的快捷菜单中选择 New 命令，再选择 Class 选项，弹出如图 1-25 所示的创建类窗口。

图 1-25　创建类窗口

在创建类窗口中的 Name 文本框中输入类名 Welcome，单击 Finish 按钮，完成类的创建。此时可以在 Package Explorer 管理器视图中看到，在项目 Chapter01 中创建了一个名为"Welcome.java"的类，如图 1-26 所示。

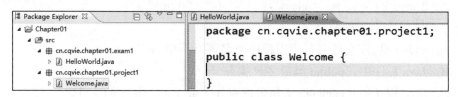

图 1-26　类的结构

（4）编写 main() 方法，实现输出功能。本任务的代码如下：

```
package cn.cqvie.chapter01.project1;
public class Welcome {
    public static void main(String[] args) {
        // 输出"欢迎大家使用 Eclipse"到控制台
```

```
        System.out.println(" 欢迎大家使用 Eclipse");
    }
}
```

（5）运行程序，查看结果。在 Package Explorer 管理器视图中选中"Welcome.java"，单击工具栏上 Run 按钮右侧的下三角按钮，在弹出的下拉菜单中选择 Run As → Java Application 命令，即可运行 Application 类型的 Java 程序。程序运行结果如图 1-27 所示。

图 1-27 运行结果

思考与练习

理论题

1．在 JDK 目录中，Java 运行环境的根目录是（   ）。

    A．lib   B．demo   C．bin   D．jre

2．下列关于 Java 语言特点的叙述中，错误的是（   ）。

    A．Java 是面向过程的编程语言   B．Java 支持分布式计算

    C．Java 是跨平台的编程语言   D．Java 支持多线程

3．main() 方法是 Java Application 程序运行的入口点。关于 main() 方法的方法头，以下（   ）项是合法的。

    A．public static void main()   B．public static void main(String args[])

    C．public static int main(String [] arg)   D．public void main(String arg[])

4．编译 Java Application 源程序文件将产生相应的字节码文件，这些字节码文件的扩展名为（   ）。

    A．".java"   B．".class"   C．".html"   D．".exe"

5．下列说法中不正确的是（   ）。

    A．Java 源程序文件名与应用程序类名可以不相同

    B．Java 程序中，public 类最多只能有一个

    C．Java 程序中，package 语句可以有 0 个或 1 个，并在源文件之首

    D．Java 程序对字母大小写敏感

6．Java 程序语句的结束符是（   ）。

    A．"."   B．";"   C．":"   D．"="

7．在 Java 程序中，注释的作用是（   ）。

    A．在程序运行时显示其内容   B．在程序编译时提示

    C．在程序运行时解释   D．给程序加说明，提高程序的可读性

8．下列说法中不正确的是（　）。

　　A．Java 应用程序必须有且只有一个 main() 方法。

　　B．System.out.println() 与 System.out.print() 是相同的标准输出方法

　　C．Java 源程序文件的扩展名为 ".java"

　　D．Java Applet 没有 main() 方法。

9．JDK 的 bin 目录下提供的 Java 编译器是（　）。

　　A．javac　　　　　B．javadoc　　　　　C．java　　　　　D．appletviewer

10．一个 Java 源文件中可以有（　）公共类。

　　A．一个　　　　　B．两个　　　　　C．多个　　　　　D．零个

11．Java 语言是在（　）年正式推出的。

　　A．1991　　　　　B．1992　　　　　C．2001　　　　　D．1995

12．Java 细分为三个版本，三个版本的简称分别为 _____、_____、_____。

13．Java 编译器将用 Java 语言编写的源程序编译成 _____。

14．Java 源程序的运行至少要经过 _____ 和 _____ 两个阶段。

15．Java 源程序文档和字节码文件的扩展名分别为 "_____" 和 "_____"。

16．Java 程序可以分为 Java Application 和 _____。

实训题

1．下载并安装、测试 JDK。

2．编写控制台程序，程序的功能是，输出"我喜欢Java程序设计！"和"我会刻苦学习！"两行文字信息。

3．下载并安装、测试 Eclipse。

4．在 Eclipse 中编写控制台程序，实现案例 1-3 的功能。

5．在 Eclipse 中创建一个 HelloEclipse.java 的应用程序，其功能是在屏幕上显示"努力学习 Eclipse。"，编译并运行该程序。

第 2 章 Java 编程基础

项目导读

　　在认识了 Java 语言的发展历程与特点并运行了第一个 Java 程序后，本章将深入学习 Java 的编程基础，包括标识符、常量、变量、数据类型、控制台输入输出、常用运算符、表达式和类型转换机制等内容。本章包含 3 个任务：任务 1 带你认识标识符、常量、变量和数据类型；任务 2 带你学习控制台的输入输出；任务 3 带你学习常用运算符、表达式和类型转换机制。

教学目标

- ● 理解标识符、常量、变量；
- ● 正确使用数据类型；
- ● 正确实现控制台的输入输出；
- ● 理解常用运算符与表达式；
- ● 了解类型转换机制；
- ● 正确编写简单的顺序程序。

任务 1　标识符、常量、变量和数据类型

任务描述

编写一个应用程序，实现从键盘上输入圆的半径后，自动计算圆面积并将结果显示在控制台上（即圆面积计算器）。

任务要求

在 Eclipse 中正确创建项目和类，并编写代码实现从键盘上输入圆的半径，在控制台输出圆的面积。

知识链接

要完成任务 1，首先要知道圆半径、面积、圆周率如何保存。数据的保存在程序设计和开发中占有重要的地位，程序要有意义就必须有数据的支持，数据是程序设计中的"主体"。在程序中，数据的初始值、运算中的中间结果和最终结果都要进行实时的存储，否则程序就无法运行，可见，数据的保存是程序设计中必不可少的。

1. 标识符

标识符（Identifier）是给程序中的实体（变量、常量、方法、数组等）所起的名字。

标识符的使用

提醒：标识符具有以下几个特点。

- 标识符必须以字母或下划线开头，由字母、数字或下划线组成。
- 用户不能采用 Java 语言已有的关键字作为用户标识符，Java 中的关键字见表 2-1。
- 标识符长度没有限制。
- 标识符区分大小写。

表 2-1　Java 中的关键字

关键字				
abstract	assert	boolean	break	byte
case	catch	char	class	const
continue	default	do	double	else
enum	extends	final	finally	float
for	goto	if	implements	import
instanceof	int	interface	long	native
new	package	private	protected	public
return	strictfp	short	static	super

续表

关键字				
switch	synchronized	this	throw	throws
transient	try	void	volatile	while

例如，sum、PI、aa、bb43、ch、a_53ff、_lab、area 都是合法的标识符；4mm、@ma、_ch#a、1sum 均是不合法的标识符。

提醒：关于标识符命名的两点建议。

● 用户在定义自己的标识符时，除了要合法外，一般不要太长，最好不要超过 8 个字符。

● 在定义变量标识符时，最好做到"见名知意"。例如，若要定义求和的变量，最好把变量名标识符取为 sum（在英语中 sum 有求和之意，而且较短，容易记忆）；若要定义圆周率的变量，可采用 PI 或 PAI 等。

2. 常量

常量是指在程序整个运行过程中其值始终保持不变的量。Java 中的常量分为整型常量、浮点型常量、布尔常量和字符常量。

常量的定义格式如下：

final < 数据类型名 > 常量名称 >=< 常量值 >[, < 常量名称 >=< 常量值 >][……];

例如：

```
final int a=10, b=20;
final char f1='f', d='F';
final float f1=2.5f, f2=8.7e-2;
final double d1=3.14, d2=2.1E8;
```

提醒：在 Java 语言中，无类型后缀的实型常量默认为双精度类型，也可以加后缀 D 或 d；指定单精度类型的常量，必须在常量后面加上后缀 F 或 f；实型常量可表示为指数型。

3. 变量

变量的使用

变量是由标识符命名的数据项。它是 Java 程序中的存储单元，在该存储单元中存储的数据值在程序的执行过程中可以发生改变。每个变量都必须声明数据类型。变量的数据类型决定了它所能表示的值的类型，以及可以对其进行什么样的操作。变量既可以表示基本数据类型的数据，又可以表示对象类型（如字符串）的数据。当变量表示的是基本数据类型时，变量中存储的是数据的值；当变量表示对象（引用）类型时，变量中存储的是对象的地址，该地址指向对象在内存中的位置。

Java 中的变量在使用前必须声明，声明格式如下：

< 数据类型名 > 变量名称 >[,< 变量名称 >][,< 变量名称 >][……];
< 数据类型名 > 变量名称 >=< 初始值 >[,< 变量名称 >=< 初始值 >][……];

例如：

```
int a, b, c;
```

```
float f1=2.16f;
double a1, a2=0.0;
```

其中，多个变量间用逗号隔开；a2=0.0 是对双精度型变量 a2 赋初值 0.0；末尾的分号是不能少的，只有这样才能构成一个完整的 Java 语句。

任何变量都有其固有的作用范围，即作用域。声明一个变量的同时，也就指明了它的有效作用范围。有关变量的作用域还将在后续章节里讲解。

4. 数据类型

Java 语言有两种类型的数据：基本数据类型和引用数据类型，如图 2-1 所示。

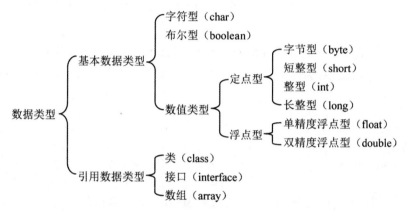

图 2-1　Java 数据类型

基本数据类型包括 8 种：布尔型（boolean）、字符型（char）、字节型（byte）、短整型（short）、整型（int）、长整型（long）、单精度浮点型（float）和双精度浮点型（double）。

引用数据类型包括 3 种：类（class）、接口（interface）、数组（array）。

每一种数据类型都有其特定的取值范围，Java 基本数据类型的取值范围见表 2-2。

表 2-2　Java 基本数据类型的取值范围

数据类型	关键字	所占存储空间 / 字节	取值范围	默认数值
布尔型	boolean	1	true，false	false
字符型	char	2	'\u0000' ～ '\uffff'（0 ～ 65535）	'\u0'
字节型	byte	1	−128 ～ 127	0
短整型	short	2	−32768 ～ 32767	0
整型	int	4	−2147483648 ～ 2147483647	0
长整型	long	8	−9.22E18 ～ 9.22E18	0
单精度浮点型	float	4	1.4013E−45 ～ 3.4028E+38	0.0F
双精度浮点型	double	8	2.22551E−208 ～ 1.7977E+308	0.0D

提醒：字符型数据采用 Unicode 编码，占用 2 个字节的内存。与 ASCII 码字符集相比，

Java 的字符型数据能够表示更多字符。

练习 2-1：整型变量的定义与使用。

```java
public static void main(String[] args) {
    int a;                              // 定义整型变量 a
    long b;                             // 定义长整型变量 b
    a = 44;                             // 将数据 44 存入空间 a 中
    b = 22;
    b = b + a;                          // 将 b 中数据加上 a 中数据后存入 b 中
    System.out.println(b);
}
```

程序分析与解释：从上述程序可以看出，使用变量时可以为其赋值，也可以用变量参与运算。

练习 2-2：已知某矩形，长为 400cm，宽为 300cm，编写程序求其面积。

```java
public static void main(String[] args) {
    short a, b, s;
    a = 400;
    b = 300;
    s = a * b;
    System.out.println(s);
}
```

程序分析与解释：如果将 a、b、s 定义成 short，程序输出结果为 s=-11072。这是怎么回事呢？原来 Java 语言规定，短整型数据（short）的范围为 -32768 ～ 32767。本例中面积 s 值为 120000，已经超出了短整型数据的表示范围。解决此问题的办法是，选用表示数据范围更大的数据类型。

实现方法

1. 分析题目

分析任务要求，通过以下方法完成本任务。

（1）提示用户输入圆的半径。

（2）接收输入的圆的半径。

（3）计算圆的面积。

（4）输出圆的面积。

任务 2-1 的实现

2. 流程图

本章任务 1 的执行流程图如图 2-2 所示。

3. 实施步骤

（1）创建 Java 项目。进入 Eclipse 后，在 Package Explorer 管理器视图中右击，在弹出的快捷菜单中选择 New 命令，再选择 Java Project 项，新建一个 Java 项目，系统将弹出如图 2-3 所示的创建 Java 项目窗口。

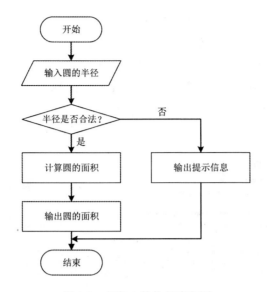

图 2-2　任务 1 的执行流程图

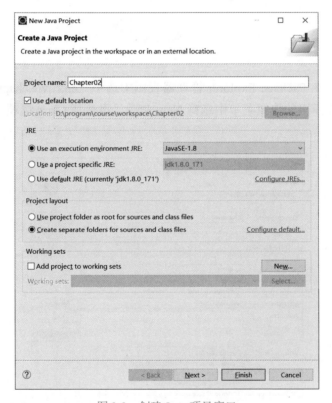

图 2-3　创建 Java 项目窗口

在创建 Java 项目窗口中的输入项目名称（Project name）文本框中输入项目名称 Chapter02，单击 Finish 按钮完成 Java 项目的创建。在 Package Explorer 管理器视图上可以看到，系统创建了一个新的项目 Chapter02。

（2）创建 Java 包。在 Package Explorer 管理器视图中选择新建的项目名 Chapter02，单击打开该项目后，选择 src 节点，然后右击，在弹出的快捷菜单中选择 New 命令，再选择 Package 选项，弹出如图 2-4 所示的创建 Java 包窗口，在 Name 文本框中输入包名"cn.cqvie.chapter02.project1"，单击 Finish 按钮，完成包的创建。此时，在 Package Explorer 管理器视图中可以看到，在 Chapter02 项目下创建了一个名为"cn.cqvie.chapter02. project1"的包。

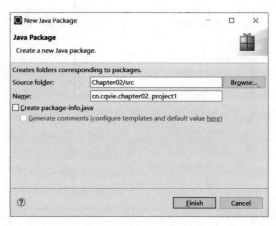

图 2-4　创建 Java 包窗口

（3）创建类。在 Package Explorer 管理器视图中选中"cn.cqvie.chapter02.project1"包名，然后右击，在弹出的快捷菜单中选择 New 命令，再选择 Class 选项，弹出如图 2-5 所示的创建类窗口。

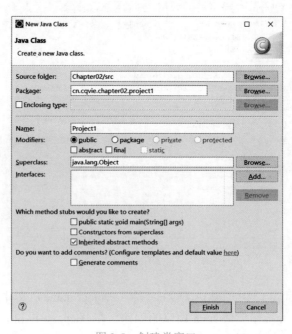

图 2-5　创建类窗口

　　在创建类窗口中的 Name 文本框中输入类名 Project1，单击 Finish 按钮，完成类的创建。此时可以在 Package Explorer 管理器视图中看到，在项目 Chapter02 中创建了一个名为 "Project1.java" 的类。在类中输入如下代码：

```java
package cn.cqvie.chapter02.project1;

import java.util.Scanner;

public class Project1 {

  public static void main(String[] args) {
    double r; // 圆的半径
    double s; // 圆的面积
    final double PI = 3.14; // 定义常量 PI
    Scanner in = new Scanner(System.in);
    System.out.println(" 请输入圆的半径 :"); // 输入提示
    r = in.nextDouble(); // 接收键盘上用户输入的圆的半径
    s = PI * r * r; // 计算圆的面积
    System.out.println(" 圆的面积为 (PI=3.14):" + s); // 在屏幕上输出圆的面积
    in.close(); // 关闭流
  }

}
```

（4）调试运行，显示结果。该程序的运行结果如图 2-6 所示。

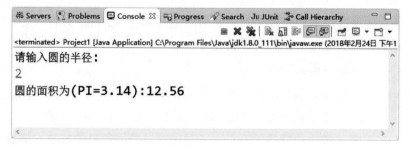

图 2-6　运行结果

任务 2　控制台的输入输出

任务描述

　　在谍战片中，特工时常通过 "加密" 电报向大本营传递 "情报"。本任务将完成一个简单的加密程序，即将输入的 "china" 译成密码并输出。密码规律是：将原来字母用在26 个字母表中其后面的第 4 个字母代替，例如，c 将被替换为 g。

任务要求

实现从控制台输入字符，将输入的字符经过加密后输出到控制台。

知识链接

1. 输入输出概述

要完成本任务，必须输入 5 个字符源码和输出密码，即涉及数据的输入和输出。数据的输入输出在程序设计和开发中占有重要的地位。一个程序如果没有输出语句，就缺少和用户交流过程中最后的、也是最重要的交互步骤，同时也缺少对程序正确性的验证；一个程序如果没有输入语句，则数据来源呆板，程序设计缺少灵活性。所以一般情况下，一个程序都有必要的输入语句和至少一个输出语句。

Java 使用 System.out 表示标准输出设备，使用 System.in 表示标准输入设备。默认情况下，输出设备是显示器，输入设备是键盘。

2. 控制台输出的实现

为了完成控制台的输出，只需要使用 println() 方法就可以在控制台上显示基本数据类型的数据或字符串。前面已经介绍过输出的方法，比如，在控制台上输出字符串"Hello World！"的具体代码如下：

```
System.out.println("Hello World!"); // 在控制台上输出字符串"Hello World！"
```

提醒：println() 方法会在输出的末尾换行，如果不需要换行，可以使用 print() 方法。

3. 控制台输入的实现

Java 并不直接支持在控制台输入，但是可以通过创建 Scanner 类的对象，以读取来自 System.in 的输入，代码如下：

```
Scanner in = new Scanner(System.in);
```

在上述代码中，"Scanner in"声明 in 是一个 Scanner 类型的变量；"new Scanner(System.in)"表示创建了一个 Scanner 类型的对象；"Scanner in = new Scanner(System.in)"表示创建了一个 Scanner 对象，并且将它的引用赋值给变量 in。对象可以调用自身的方法，调用对象的方法就是让这个对象完成某个任务。可以调用表 2-3 中的 Scanner 对象的方法读取各种不同类型数据的输入。

表 2-3　Scanner 对象的方法

方法	描述
nextByte()	读取一个 byte 类型的整数
nextShort()	读取一个 short 类型的整数
nextInt()	读取一个 int 类型的整数
nextLong()	读取一个 long 类型的整数

续表

方法	描述
nextFloat()	读取一个 float 类型的数
nextDouble()	读取一个 double 类型的数
next()	读取一个字符串，该字符在一个空白符之前结束
nextLine()	读取一行文本（以按下 Enter 键为结束标志）

例如，从键盘读取一个整数并将其赋值给变量 a，可以使用如下代码实现。

```
Scanner in = new Scanner(System.in);
int a = in.nextInt();
```

实现方法

任务 2-2 的实现

1. 分析题目

分析任务要求，通过以下方法完成本任务。

（1）提示用户输入 5 个源码。

（2）根据加密规则进行计算。

（3）输出 5 个加密码。

2. 实施步骤

（1）创建 Java 包。进入 Eclipse 后，在 Package Explorer 管理器视图中选择项目 Chapter02，单击打开该项目后选择 src 节点，然后右击，在弹出的快捷菜单中选择 New 命令，再选择 Package 选项，在弹出的创建 Java 包窗口中的 Name 文本框中输入包名 "cn.cqvie. chapter02.project2"，单击 Finish 按钮，完成包的创建。此时，在 Package Explorer 管理器视图中可以看到，在 Chapter02 项目下创建了一个名为 "cn.cqvie.chapter02. project2" 的包。

（2）创建类。在 Package Explorer 管理器视图中，选中 "cn.cqvie.chapter02.project2" 包名，然后右击，在弹出的快捷菜单中选择 New 命令，再选择 Class 选项，在弹出的创建类窗口中的 Name 文本框中输入类名 Project2，单击 Finish 按钮，完成类的创建。此时可以在 Package Explorer 管理器视图中看到，在项目 Chapter02 中创建了一个名为 "Project2. java" 的类。

（3）编写 main() 方法，实现功能。本任务的代码如下：

```
package cn.cqvie.chapter2.project2;

import java.util.Scanner;

public class Project2 {

    public static void main(String[]args) {

        Scanner in = new Scanner(System.in);
```

```
        // 用于存放 5 个源码
        char c1, c2, c3, c4, c5;
        // 提示

        System.out.println(" 请输入源码 :");
        // 接收用户输入的源码

        c1 = in.next().charAt(0);
        c2 = in.next().charAt(0);
        c3 = in.next().charAt(0);
        c4 = in.next().charAt(0);
        c5 = in.next().charAt(0);

        // 计算密码
        c1 = (char)(c1 + 4);
        c2 = (char)(c2 + 4);
        c3 = (char)(c3 + 4);
        c4 = (char)(c4 + 4);
        c5 = (char)(c5 + 4);

        // 打印密码
        System.out.println(" 密码 : " + c1 + c2 + c3 + c4 + c5);
        // 关闭流

        in.close();
    }

}
```

（4）运行程序，查看结果。在 Package Explorer 管理器视图中选中 Welcome.java，单击工具栏上 Run 按钮右侧的下三角按钮，在弹出的下拉菜单中选择 Run As → Java Application 命令，即可运行 Application 类型的 Java 程序。程序运行结果如图 2-7 所示。

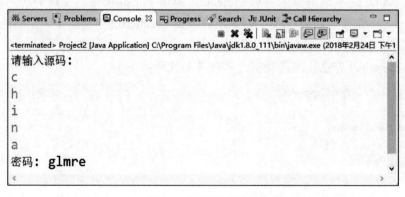

图 2-7 程序运行结果

任务 3 常用运算符、表达式和数据类型转换机制

任务描述

编写应用程序，输入任意三角形的三条边的长度，经程序计算后，输出三角形的面积。

任务要求

从控制台输入三角形的三个边的长度，使用三角形面积公式计算面积，并将结果输出到控制台。

知识链接

要完成本任务，重要的是将海伦公式计算出来，这涉及很多的运算及类型转换。Java 语言最基本的运算有算术运算、赋值运算、关系运算和逻辑运算等。

1. 运算符与表达式

（1）赋值运算符与扩展赋值运算符。

1）赋值运算符。赋值运算符 "=" 把右边的数据赋值给左边的变量，左边只能是变量，右边可以是变量也可以是表达式。

算术运算符的使用

赋值运算的一般格式为：

```
变量＝数据或表达式；
```

例如：

```
int  a;                    // 定义整型变量
float b;                   // 定义 float 型变量
char ch;                   // 定义字符型变量
a = 123;                   // 变量赋值
a = 123.5f;                // 123.5f 为 float 型，不能赋给整型变量（无法存储）
b = 123;                   // 先将 123 转换成 123.0，再赋给 b
ch ='A';                   // 字符变量赋值
```

整型数值可以赋给浮点型变量，反过来是不允许的。赋值遵循的规则如下：

byte → short → int → long → float → double

2）扩展赋值运算符。在赋值运算符 "=" 前加上其他运算符，即构成扩展赋值运算符，它将运算的结果直接存到左边的已命名变量中去。Java 支持的扩展赋值运算符见表 2-4。

（2）算术运算符与算术表达式。

1）算术运算符。算术运算符（运算符也称操作符）用于数值类型数据（整数或浮点数）的运算。算术运算符根据需要的操作数个数的不同，可以分为单目运算符（三个）和双目运算符（五个）两种，具体见表 2-5。

表 2-4　扩展赋值运算符

运算符	用法	等价用法
+=	op1+=op2	op1=op1+op2
−=	op1−=op2	op1=op1−op2
*=	op1*=op2	op1=op1*op2
/=	op1/=op2	op1=op1/op2
%=	op1%=op2	op1=op1%op2
&=	op1&=op2	op1=op1&op2
|=	op1|=op2	op1=op1|op2
^=	op1^=op2	op1=op1^op2
>>=	op1>>=op2	op1=op1>>op2
<<=	op1<<=op2	op1=op1<<op2
>>>=	op1>>>=op2	op1=op1>>>op2

表 2-5　算术运算符

运算符	用法	描述
++	++op 或 op++	单目运算符，op 加 1（自增），等价于 op = op + 1
−−	−−op 或 op−−	单目运算符，op 减 1（自减），等价于 op = op − 1
−	−op	单目运算符，对 op 取负数
+	op1+op2	双目运算符，两个操作数相加
−	op1−op2	双目运算符，两个操作数相减
*	op1*op2	双目运算符，两个操作数相乘
/	op1/op2	双目运算符，两个操作数相除
%	op1%op2	双目运算符，操作数 op1 除以 op2 的余数（取模）

　　下面以"++"运算符为例，说明单目运算符"++"和"−−"的前缀式和后缀式在使用上的区别，代码如下：

```
int a, b, x=2, y=2;
a = (++x) * 2;  // 先对 x 加 1，再做乘法；前缀式相当于"先增加，再使用"
b = (y++) * 2;  // 先做乘法，再对 y 加 1；后缀式相当于"先使用，再增加"
```

　　上述代码执行之后的结果是 a=6、b=4、x=3、y=3。显然，单目运算符的前缀式和后缀式会影响到单目运算符与整个表达式运算的先后顺序，进而影响到整个表达式的最终结果。

　　2）算术表达式。用算术运算符和括号将数据对象连接起来的式子，称为算术表达式。如，表达式 a*d/c-2.5+'a' 就是一个合法的算术表达式。算术表达式的运算按照运算符的结合性和优先级来进行。

　　运算符具有结合方向，即结合性。例如，计算机在计算表达式 7+9+1 时，是先计算

7+9 还是先计算 9+1 呢？这就是一个左结合性还是右结合性的问题。一般运算的结合性是自左向右的左结合，但也有右结合性的运算。

如果只有结合性显然不够，上面的例子属于同级运算（只有加运算）。对于表达式 7+9*2，则不能只考虑运算的结合性，还要考虑运算符的优先级问题了。其实在小学我们就知道混合运算规则：先算括号里面的，然后算乘除，最后算加减。常用运算符的优先级从高到低是：() → -（负号）→ *、/、% → +、-（减号）

其中：*、/、% 优先级相同，+、- 优先级相同。表达式求值时，先按运算符优先级别的高低依次执行，遇到相同优先级的运算符时，则按"左结合"处理。如表达式 a+b*c/2，其运算符执行顺序为：* → / → +。

例如：

（a）$\dfrac{a-b}{a+b}+\dfrac{1}{2}$ 可转换为 (a+b)/(a-b)+(float)1/2。

（b）sin370+cosx 可转换为 pow(sin(37*3.14/180),2)+cos(x)。

（3）关系运算符与关系表达式。

1）关系运算符。关系运算用来比较两个数的大小。关系运算符是双目运算符，其中 ">"">="" <"" <=" 只能用于数值类型的数据进行比较，而 "==" 和 "!=" 可用于所有基础数据类型的数据和引用数据类型的数据进行比较。常用的关系运算符见表 2-6。

表 2-6　常用的关系运算符

运算符	用法	描述
==	op1==op2	等于
!=	op1!=op2	不等于
>	op1>op2	大于
>=	op1>=op2	大于等于
<	op1<op2	小于
<=	op1<=op2	小于等于

2）关系表达式。用关系运算符将两个表达式连接起来的式子叫关系表达式。关系表达式的值有两种情况：true 或 false。下面用两个例子来说明。

（a）表达式 (a=3) > (b=5) 的值是多少？

分析：由于表达式有小括号，所以自左向右先进行括号里面的运算，即先给变量 a 赋值 3，接着给变量 b 赋值 5，最后是 a 与 b 值的比较。由于 3>5 为假，所以表达式的值是 false。

（b）表达式 'c'!='C' 的值是多少？

分析：该表达式是两个字符的比较，事实上也就是字符的 ASCII 码值的比较。由于字符 c 的 ASCII 码值是 99，而字符 C 的 ASCII 码值是 67，即它们是不相等的，故表达式的值为 true。

（4）逻辑运算符与逻辑表达式。逻辑运算符用于进行逻辑运算。逻辑运算符常与关系运算符一起使用，作为流程控制语句的判断条件。Java 中的逻辑运算符见表 2-7。

表 2-7　逻辑运算符

运算符	用法	描述
&&	op1&&op2	逻辑与，若 op1 和 op2 都为 true，返回 true，否则返回 false
||	op1||op2	逻辑或，若 op1 和 op2 都为 false，返回 false，否则返回 true
!	!op	逻辑非，若 op 为 false，返回 true，否则返回 false
&	op1&op2	布尔逻辑与，若 op1 和 op2 都为 true，返回 true，否则返回 false
|	op1|op2	布尔逻辑或，若 op1 和 op2 都为 false，返回 false，否则返回 true
^	op1^op2	布尔逻辑异或，若 op1 和 op2 布尔值不同，返回 true，否则返回 false

"&&" 和 "‖" 是短路（Short-Circuit）逻辑运算符，它们的运算顺序是从左向右进行的。如果左边已经满足了可执行的条件，则后面的所有条件都会跳过去而不会再执行，所以称它们短路逻辑运算符。

"&" 和 "|" 被称为非简洁运算符，它们需要把所有条件全部执行一遍。

很显然，为了提高程序运行效率，应优先使用 "&&" 和 "||"。而且对于 "&&"，应尽可能预见性地把条件值为 false 的语句写在逻辑表达式的前边；对于 "||"，应尽可能地把条件值为 true 的语句写在逻辑表达式的前边。但是，如果需要每个条件都必须运行时，则只能选择使用 "&" 和 "|" 了。

下面比较说明 "&&" 与 "&" 的区别。代码如下：

```
// 本程序使用 "&&"
int a=5, b=7;
boolean x = a > b && a++ = = b--;
```

上述语句的运算结果：a=5，b =7，x 为 false。

```
// 本程序使用 "&"
int a=5,  b=7;
boolean  x=a>b&a++= =b--;
```

上述语句的运算结果：a=6，b=6，x 为 false。

因为在计算布尔型的变量 x 的取值时，"&" 两边的表达式的值无论真与假，都必须被计算；而对于 "&&"，当判断表达式左边（5>7）已经为 false 时，根据逻辑与（&&）中表达式两边同时为真（true）结果才为真的规则，就已经知道整个表达式的值为 false，所以不用再判断（运行）后面的其他条件了。

（5）条件运算符与条件表达式。条件运算符是三目运算符，即它需要 3 个数据或表达式构成条件表达式。它的一般形式如下：

表达式 1? 表达式 2: 表达式 3

上述语句的意思为：如果表达式 1 成立，则表达式 2 的值是整个表达式的值，否则表达式 3 的值是整个表达式的值。条件表达式的计算过程如图 2-8 所示。第 3 章中要学习的 if…else 结构可以替换条件运算符。

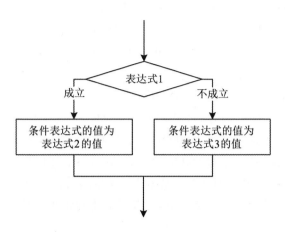

图 2-8　条件表达式的计算过程

例如，将 a、b 两个变量中的较大者放到变量 max 中，我们可以利用条件运算符来完成：

max = a > b?a:b。

条件运算符的结合方向为从右往左。例如，表达式 a>b?a:b>c?b:c 等价于表达式 a>b? a:(b>c?b:c)。

（6）位运算符与位运算表达式。在计算机内部，数据是以二进制编码方式存储的，Java 语言允许编程人员直接对二进制编码进行位运算。在 Java 提供的所有位运算符中，除 ~ 运算符以外，其余均为二元运算符。位运算符的操作数只能为整型和字符型数据。Java 中的位运算符见表 2-8。

表 2-8　位运算符

运算符	用法	描述
~	~op	对操作数 op 按位取反
&	op1&op2	op1 和 op2 按位与运算
|	op1|op2	op1 和 op2 按位或运算
^	op1^op2	op1 和 op2 按位异或运算
>>	op1>>op2	op1 的二进制编码右移 op2 位，前面的位填符号位
<<	op1<<op2	op1 的二进制编码左移 op2 位，后面的位填 0
>>>	op1>>>op2	op1 的二进制编码右移 op2 位，前面的位填 0

位运算符 ">>" 与 ">>>" 的比较：用 ">>" 时，如果符号位为 1，则右移后符号位保持为 1，如符号位为 0，则右移后符号位保持为 0；用 ">>>" 时，右移后左边总是填 0。

当两个不同长度的数（比如 byte 型和 int 型）进行位运算时，系统会将数据先转变为较长的类型，使两个数对齐，再进行位运算。比如 a 为 byte 型而 b 为 int 型，则将 a 先扩展为 int 型再运算。

二进制数左移、右移的特点：向左移一位相当于把原数乘以 2，向左移 *n* 位，相当于把原数乘以 2 的 *n* 次方；同理，向右移一位相当于把原数除以 2，向右移 *n* 位，相当于把原数除以 2 的 *n* 次方。不过，由于移位时可能使最高位符号位发生变化，所以一般不建议采用移位的方法实现乘除运算。举例如下：

"11010110^01011001" 的运算结果为 10001111。

"11011101<<3" 的运算结果为 11101000，左移时，高位舍弃，低位补 0。

"00011101>>3" 的运算结果为 00000011，右移时，低位舍弃，高位补符号位。

"10011101>>3" 的运算结果为 11100011，右移时，低位舍弃，高位补符号位。

"10011100>>>2" 结果为 00100111，无符号右移时，低位舍弃，高位补 0。

（7）其他类型的运算符与表达式。Java 语言中还提供了其他类型的运算符，具体见表 2-9。

表 2-9　其他类型的运算符

运算符	功能描述
.	访问类成员变量、实例成员变量
[]	用于声明、创建数组，访问数组中的特定元素
(数据类型)	强制类型转换，将一个数据类型转化为另一个数据类型
new	创建一个对象（类的实例）
instanceof	判断对象是否为某个类的实例，返回布尔型值

表 2-9 中的运算符的使用示例如下：

```
String st1=new String("A test string.");
st1.charAt(0);
int[] a = new int[10];
a[0] = 1;
double abc=12.345;
int ABC = (int)abc;   // 结果：ABC=12
String st1=new String("A test string.");
Integer i = 1;
System.out.println(i instanceof Integer);
```

2．数据类型转换

Java 是一种强制类型转换的语言，在编译程序时检测数据类型的兼容性。在赋值和参数传递时，都要求数据类型的匹配。常数或变量从一种数据类型转换到另外一种数据类型即为数据类型转换。Java 中的数据类型转换有三种方式：隐式转换（自动类型转换）、显式转换（强制类型转换）和类方法转换。

（1）隐式转换（自动类型转换）。隐式转换允许在赋值和计算时由编译系统按一定的优先次序自动完成。通常，低精度类型到高精度类型的默认类型转换由系统自动进行。
例如：

```
int i = 20;
long j = i;
```

隐式转换从低级到高级的转换顺序如下：

● byte → short、int、long、float、double。
● short → int、long、float、double。
● char → int、long、float、double。
● int → long、float、double。
● long → float、double。
● float → double。

显然，byte 和 short 不能隐式地转换为 char。

算术运算返回值的数据类型与操作数数据类型之间的关系见表 2-10。

表 2-10　算术运算返回值的数据类型与操作数数据类型之间的关系

算术运算返回值 的数据类型	操作数数据类型
double	至少有一个操作数是 double 型
float	至少有一个操作数是 float 型，并且没有操作数是 double 型
int	操作数中没有 long、float 和 double 型
long	操作数中没有 float 和 double 型，但至少有一个 long 型

（2）显式转换。显式转换是将数据从高精度数据类型转换到低精度数据类型，它是通
过赋值语句来实现的。其一般格式如下：

(数据类型) 变量名或表达式

显式转换从高级到低级的转换顺序如下：

● byte → char。
● short → byte、char。
● int → byte、short、char。
● long → byte、short、char、int。
● float → byte、short、char、int、long。
● double → byte、short、char、int、long、float。

当把高精度数据类型转化为低精度数据类型时，数据的表达范围降低，所以，这种由
高到低的转换，一方面可能导致丢失部分信息，除非高精度数据类型所表达的数据值在低
精度数据类型表达的数据范围之内；另一方面可能转换不能正确进行，例如，不能将一个
很大的整数 500000 转化为 char 型，因为它超过了 char 类型所能表示的范围（65535），结
果会出现错误。

图 2-9 所示是 Java 中数据类型之间的合法转换关系。图中实线箭头表示在转换时不会丢失信息，虚线箭头表示在转换时可能丢失精度。

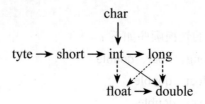

图 2-9　Java 中数据类型之间的合法转换关系

对上述内容举例说明如下：

```
float f = 2.345f;                          int i = (int)f;  //i 的值为 2
long j = 9;                                int k = (int)j;  //k 的值为 9
double abc = 123.45;                       int ABC = (int)abc;  //ABC 的值为 123
```

（3）类方法转换。

1）使用 Integer 类的 parseInt() 方法可以将 String 型转换为对应的整数型。例如：

```
String str = "123";                        //123 为字符串型数据
int a = Integer.parseInt(str);             //a 值为数值型的 123
```

2）String 类型 → 基本类型。使用基本类型的包装类（如，byte 的包装类为 Byte，int 的包装类为 Integer 等）的 parse×××××(String 类型参数) 方法（×××× 为相应包装类名），可以将字符串 String 转换成整数 int，具体有以下两种方法：

```
String str = "123";
int i = Integer.parseInt(str);
int i = Integer.valueOf(str).intValue();
```

类似地，把字符串转成 double、float、long 型的方法大同小异。

3）基本类型 → String 类型。使用 String 类的重载方法 valueOf(基本类型参数) 可以将整数 int 转换成字串 String，有以下三种方法：

```
String s = String.valueOf(i);
String s = Integer.toString(i);
String s = "" + i;
```

类似地，把 double、float、long 型转成字符串的方法大同小异。

（4）运算符优先级。运算符的优先级决定了在同一个表达式中多个运算符被执行的先后顺序。同级的运算符具有相同的优先级，并按照从左到右的顺序进行操作；运算符的结合性决定了相同优先级的运算符的执行顺序。表 2-11 列出了 Java 运算符从高到低的优先级（序号小者优先级高），其中，第一行显示的是特殊的运算符（后缀运算符）：点、方括号、圆括号。点用于将对象名和成员名连接起来；方括号用于表示数组的下标；圆括号用于改变运算的优先级。

表 2-11　运算符的优先级

优先级	运算符	结合性
1	., [], ()	左 / 右
2	!，~，++，--，new	右
3	*，/，%	左
4	+，-	左
5	<<，>>	左
6	<，<=，>，>=	左
7	==，!=	左
8	&	左
9	^	左
10	|	左
11	&&	左
12	||	左
13	?:	左
14	=，+=，-=，*=，/=，%=，<<=，>>=，&=，^=，|=	右

3. 数据类型转换表达式、语句和块

块的使用

表达式是由操作数（常量、变量、方法调用）和运算符按照一定的语法格式组成的符号序列。即运算符用来构建表达式；表达式用来计算值；表达式又是语句的核心成分；语句又可以按照一定的形式分为多个语句块。

（1）表达式。表达式（Expression）是由常量、变量、运算符和方法调用构成的结构。表达式是按照 Java 语言的语法构成的，它计算出单一值。

在使用表达式时要注意以下几点：

- 表达式返回值的数据类型取决于表达式中使用的运算符及操作数的原始数据类型。
- 在组成表达式时，各个部分的数据类型一定要互相匹配，否则可能导致异常发生。
- 表达式在计算过程中可能导致数据类型的转换。
- 几个简单的表达式可以构成更为复杂的表达式。在构成复杂表达式时一定要注意，不同运算符之间拥有不同的优先级，通常会将需要优先计算的运算符用圆括号括起来。

（2）语句。语句（Statement）相当于自然语言中一个完整的句子，它组成了一个完整的执行单元。下面的表达式类型以一个分号（;）结尾时可以组成一个语句：

- 赋值表达式。
- ++ 或 -- 表达式。
- 方法调用表达式。
- 对象创建表达式。

下面这些语句类型被称为表达式语句（Expression Statement）。

```
userage = 12.5;                              // 赋值语句
theyear++;                                   // 累加语句
System.out.println("Hello World!");          // 方法调用语句
FindUser  myFind = new FindUser();           // 对象创建语句
```

当然，除了以上这些表达式语句，还有另外的两种语句：声明语句（Declaration Statement）和控制流语句（Control Flow Statement）。

声明语句通常用于定义（声明）一个或一些变量。例如：

```
int year = 2008;   // 声明语句
```

控制流语句主要包括顺序语句、选择语句和循环语句，将在后面章节详细介绍。

（3）块。块（Block）是位于成对花括号（{ }）之间的 0 个或者多个语句的语句组，可以在允许使用单一语句的任何位置使用块。例如：

```
class BlockDemo {
    public static void main(String[] args) {
        boolean condition = true;
        if (condition) {  // 第一个块开始
            System.out.println("The ondition is true.");
        }                                    // 第一个块结束
        else {                               // 第二个块开始
            System.out.println("The condition is false.");
        }                                    // 第二个块结束
    }
}
```

实现方法

1. 分析题目

分析任务要求，通过以下方法完成本任务。

（1）提示用户分别输入三角形的三条边的边长。

（2）输入三条边的边长值。

（3）根据数学海伦公式计算三角形面积。

（4）输出三角形面积。

任务 2-3 的实现

2. 实施步骤

（1）创建 Java 包。进入 Eclipse 后，在 Package Explorertg 管理器视图中选择项目 Chapter02，单击打开该项目后选择 src 节点，然后右击，在弹出的快捷菜单中选择 New 命令，再选择 Package 选项，在弹出的创建 Java 包窗口中的 Name 文本框中输入包名 "cn. cqvie.chapter02.project3"，单击 Finish 按钮，完成包的创建。此时，在 Package Explorer 管理器视图中可以看到，在 Chapter02 项目下创建了一个名为 "cn.cqvie.chapter02. project3" 的包。

（2）创建类。在 Package Explorer 管理器视图中，选中 "cn.cqvie.chapter02.project3"

包名，然后右击，在弹出的快捷菜单中选择 New 命令，再选择 Class 选项，在弹出的创建类窗口中的 Name 文本框中输入类名 Project3，单击 Finish 按钮，完成类的创建。此时可以在 Package Explorer 管理器视图中看到，在项目 Chapter02 中创建了一个名为"Project3.java"的类。

（3）编写 main() 方法，实现功能。本任务的代码如下：

```java
package cn.cqvie.chapter02.project3;

import java.util.Scanner;

public class Project3 {

    public static void main(String[]args) {
        // 定义变量：三角形的三条边长、面积和周长
        double a, b, c, l, s;

        // 提示
        System.out.println(" 请输入三角形的三条边长（如3、4、5):");

        // 接收用户输入的三角形的三条边长
        Scanner in = new Scanner(System.in);
        a = in.nextDouble();
        b = in.nextDouble();
        c = in.nextDouble();

        // 计算三角形的周长
        l = (a + b + c) / 2;

        // 计算三角形的面积
        s = Math.sqrt(l * (l - a) * (l - b) * (l - c));

        // 输出三角形的面积
        System.out.println(" 三角形的面积为：" + s);

        // 关闭流
        in.close();

    }

}
```

（4）运行程序，查看结果。在 Package Explorer 管理器视图中选中 Welcome.java，单击工具栏上 Run 按钮右侧的下三角按钮，在弹出的下拉菜单中选择 Run As → Java Application 命令，即可运行 Application 类型的 Java 程序。程序运行结果如图 2-10 所示。

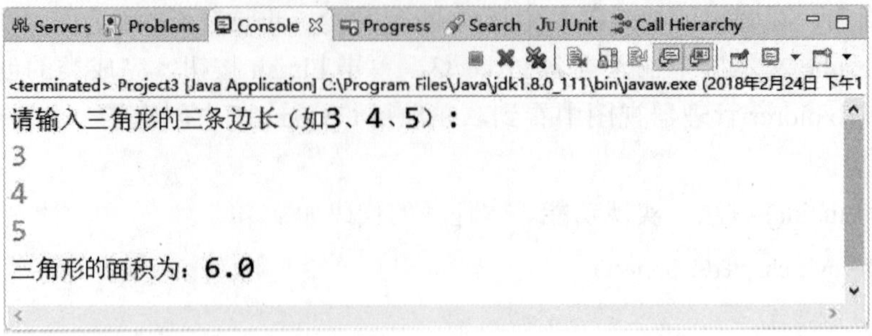

图 2-10　运行结果

思考与练习

理论题

1．若 x、i、j、k 都是 int 型变量，则计算表达式 x=(i=4,j=16,k=32) 后，x 的值为（　　）。

    A．4　　　　　　　B．16　　　　　　　C．32　　　　　　　D．52

2．设有说明：char w; int x; float y; double z;，则表达式 w*x+z-y 的值的数据类型为（　　）。

    A．float　　　　　　B．char　　　　　　C．int　　　　　　D．double

3．设有：int a=1,b=2,c=3,d=4,m=2,n=2;，执行 (m=a>b)&&(n=c>d) 后，n 的值为（　　）。

    A．1　　　　　　　B．2　　　　　　　C．3　　　　　　　D．4

4．判断 char 型变量 ch 是否为大写字母的正确表达式是（　　）。

    A．'A'<=ch<='Z'　　　　　　　　　　B．(ch>='A')&(ch<='Z')

    C．(ch>='A')&&(ch<='Z')　　　　　　D．('A'<= ch)AND('Z'>= ch)

5．设 a=3,b=6,c=9;，计算下列表达式的值并将结果写到横线上边。

（1）a/b_____

（2）(a+b)%c_____

（3）a%c_____

（4）c=a++_____

（5）(int)a+(float)a/b_____

（6）(a=a+b)-(--c)_____

6．Java 使用_____来表示标准输出设备，使用_____来表示标准输入设备。

7．Java 控制台输入可以使用_____来完成。

8．Scanner 类中的_____方法可以实现读取一个 float 类型的数，Scanner 类中的_____方法可以实现读取一个 int 类型的数。

9．简述 Java 语言对标识符的几个规定。判断以下几个变量定义语句的正确性（在括号内写出"对"或"错"）。

（1）int 0IntFirst;（　　）

（2）char ch%ar1;（　　）

（3）float f_FistNum;（　　）

（4）byte b=32768;（　　）

（5）boolean true;（　　）

10．说明下面常量是什么类型的常量。

（1）true

（2）-66

（3）042

（4）0x11

（5）0L

（6）3.14E-5

（7）'\\'

（8）"\\"

11．float 型常量和 double 型常量在表示上有什么区别？

实训题

1．编写程序，完成对两个变量分别赋值为 1 和 "2"，计算 1+"2" 的最终结果。

2．什么是运算符？什么是表达式？

3．若已知 a=3,b=4,c=false;，试计算下列表达式的值。

（1）d=a^y

（2）d=a<b&&c

（3）d=~c

（4）d=a+++b

（5）d=a>b||!c

4．求解一元二次方程。用键盘输入 a、b、c 的值，求一元二次方程 ax2+bx+c=0 的实根。作为顺序程序，对方程是否有实根不作判断。

5．随机产生一个 4 位自然数，输出它的逆数。如，产生的自然数为 2015，则其逆数为 5102。

6．如图 2-11 所示，编写程序计算 a、b 两点间的电阻 R_{ab}（Ω），保留两位小数，输出形式为三行左对齐。

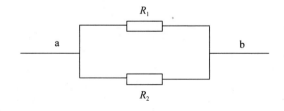

图 2-11　计算 a、b 两点间的电阻

提示：由电学知识可知，两电阻并联后的阻值为

$$\frac{1}{R_{ab}} = \frac{1}{R_1} + \frac{1}{R_2}$$

7．练习在程序中定义 8 种基本数据类型并将其输出到控制台。

8．编写一个名为 ComputeArea 的 Java 程序，当程序运行时，从键盘上输入长方形的长和宽，在控制台输出长方形的周长和面积。

9．编程完成从键盘上输入三角形的底和高，在控制台输出三角形面积的 Java 语言程序。

10．编写程序实现下述功能：从键盘输入一同学本学期所学课程的成绩，在控制台输出课程成绩、总成绩和平均成绩。显示方式如下所示。

课程：Java 程序设计　　大学英语　高数　　计应基础　体育

成绩：　　98.0　　　　　67.0　　70.0　　　88.0　　65.0

总成绩：329.0

平均成绩：65.8

11．编写程序解决以下问题。鸡兔共笼，小明数了数，共有头 H 个、脚 F 只，问鸡兔各几只？（设 H、F 分别为 16、40；6、16；30、90）。

提示：首先将实际问题转化为数学模型。设笼内有鸡 x 只，有兔 y 只，列出二元一次方程组

$$\begin{cases} x + y = H \\ 2x + 4y = F \end{cases}$$

显然这四个变量的数据类型都应该是整数。解方程组得

$$\begin{cases} x = \dfrac{4H - F}{2} \\ y = \dfrac{F - 2H}{2} \end{cases}$$

至此，本题简化为已知 H、F，根据公式求 x、y。

第 3 章　面向对象编程基础

项目导读

我们在学习了 Java 基础编程后，将要学习面向对象的相关概念：类、对象、构造方法、封装、继承、多态等，并学习面向对象的编程。本章包含两个任务：任务 1 设计一个动态整型数组类，可以实现元素的添加、插入、删除和显示功能；任务 2 设计一个员工工资管理程序，用其计算公司不同类型员工的工资，并打印收入清单。

教学目标

- 了解面向对象程序设计方法的特征和作用；
- 掌握定义类和产生对象的方法；
- 掌握类中不同成员的作用；
- 了解继承的概念和用法；
- 掌握用方法的覆盖（重写）实现多态。

任务 1 　类和对象

任务描述

设计一个动态整型数组类，并实现添加、插入、删除和显示功能。

任务要求

运用面向对象的思想，设计一个类，内部包含一个数组变量，一个数组长度变量，实现对数组的动态追加、插入、删除、显示等操作。

知识链接

1. 面向过程和面向对象

（1）面向过程是以过程为中心的编程方法，主要特点如下：

1）认为一个系统应该划分为分析数据和加工数据的功能，并且分析数据和加工数据的功能是分离的。

2）分析出解决问题所需要的步骤，然后根据这些步骤依次调用函数一步一步地解决问题。面向过程最重要的是模块化的设计方法。

（2）面向对象是以对象（实体）为中心的编程方法，主要特点如下：

1）研究客观存在的事物特征，运用人类的自然思维方式（如抽象、分类）来构造软件系统。

2）将数据和功能有机结合起来，把数据和相关操作合成为一个整体，隐藏处理细节，并对外显露一些对话接口来实现对象之间的联系。

3）采用继承的方式，使对象具有可扩展性。

2. 类的定义

抽取同类实体的共同性，自定义一种包括数据和相关操作的模型，称为类。例如，我们可以抽象出公司员工的共同特征和行为，构建一个模型，如：

员工的特征：姓名、性别、年龄

员工的行为：工作、休息、介绍自己

根据上述员工的特征和行为，可以定义员工类别。

案例 3-1　员工类的定义

案例 3-1 的实现

```
package cn.cqvie.chapter03.exam1;
public class Employee{                          // 员工类
    // 类成员定义
    public String name;                         // 员工姓名（数据成员）
    public String sex;                          // 员工性别（数据成员）
```

```
public int age;                               // 员工年龄（数据成员）
public void work(){                           // 工作（方法成员）
    System.out.println(name+" 在工作。");
}
public void reset(){                          // 休息（方法成员）
    System.out.println(name+" 在休息。");
}
public void introduce(){                      // 介绍自己（方法成员）
    System.out.println(" 我叫 "+name+"，"+sex+"，"+age+" 岁 ");
}
}
```

提醒 : java 中定义类的语法是

```
[ 修饰符 ] class 类名 {
    [ 成员变量声明 ]
    [ 成员方法声明 ]
}
```

修饰符可以为公有（public）、私有（private）、保护（protected），也可以没有。在一个 java 文件中，只能有一个类为 public。

3. 创建对象

根据类这个模型，可以创建多个实体，也称为对象（object）。类是客观事物的抽象和概括，对象是客观事物的具体实现。

下面的案例创建了两个员工对象并执行了相关动作。

案例 3-2　创建员工对象。

案例 3-2 的实现

```
package cn.cqvie.chapter03.exam2;
import cn.cqvie.chapter03.exam1.Employee;
class Test{
    public static void main(String args[]){
        Employee emp1,emp2;                  // 定义对象（定义时默认值为 null）
        emp1=new Employee ();                // 用 new 关键字创建 Employee 对象并赋值给 emp1
        emp2=new Employee ();                // 用 new 关键字创建 Employee 对象并赋值给 emp2
        emp1.name=" 马腾云 "; emp1.sex=" 男 "; emp1.age=30;    //给员工 1 的属性赋值
        emp2.name=" 范小冰 "; emp2.sex=" 女 "; emp2.age=28;    //给员工 2 的属性赋值
        emp1.work();                         // 调用对象 emp1 的 work 方法
        emp1.rest ();                        // 调用对象 emp1 的 rest 方法
        emp1.introduce ();                   // 调用对象 emp1 的 introduce 方法
        emp2.introduce ();                   // 调用对象 emp2 的 introduce 方法
    }
}
```

4. 构造方法

构造方法也叫构造函数、构造器（Constructor），用来创建类的实例化对象，可以完成创建对象时的初始化工作。构造方法具有如下特点：

● 构造方法的名称与类的名称相同。

- 方法定义时不含返回值类型，不能在方法中用 return 语句返回值。
- 方法的访问权限一般为 public。

案例 3-3　使用构造方法。

案例 3-3 的实现

```
package cn.cqvie.chapter03.exam3;
class Employee{                                    // 员工类
    public String name;                            // 员工姓名（数据成员）
    public String sex;                             // 员工性别（数据成员）
    public int age;                                // 员工年龄（数据成员）
    public Employee(String name,String sex,int age){  // 构造方法（3 个参数）
        this.name=name; this.sex=sex; this.age=age;   // 将参数值设置给当前对象的属性
    }
    public Employee(){                             // 构造方法（无参数）
        this(" 无名氏 "," 男 ",18);                 // 通过 this 关键字调用另一个构造方法
    }
    public void work(){                            // 工作（方法成员）
        System.out.println(name+" 在工作。 ");
    }
    public void rest(){                            // 休息（方法成员）
        System.out.println(name+" 在休息。 ");
    }
    public void introduce(){                       // 介绍自己（方法成员）
        System.out.println(" 我叫 "+name+"， "+sex+"， "+age+" 岁 ");
    }
}
public class Test{
    public static void main(String args[]){
        Employee emp1,emp2;                        // 定义对象（定义时默认值为 null）
        emp1=new Employee ();                      // 调用无参数构造方法创建对象并赋值给 emp1
        // 调用含 3 个参数的构造方法创建对象并赋值给 emp2
        emp2=new Employee (" 马腾云 "," 男 ",30);
        emp1.introduce ();                         // 调用对象 emp1 的 introduce 方法
        emp2.introduce ();                         // 调用对象 emp2 的 introduce 方法
    }
}
```

提醒：在 Java 中，每个类都至少要有一个构造方法，如果编程者没有在类里定义构造方法，系统会自动为这个类产生一个默认的构造方法，格式如下（以 Employee 类为例）所示。

```
public Employee(){
}
```

但是，一旦编程者为该类定义了构造方法，系统就不再提供默认构造方法。

在上述代码中，this 指代的是当前对象，在类的非静态方法中使用，主要使用场合如下：

- 当局部变量（比如形式参数）和成员变量重名的时候可以使用 this 指定调用成员变量。
- 可以通过 this 调用本类的另一个构造方法。

5. 静态成员

静态成员用 static 关键字进行修饰，表示"静态"或者"全局"的意思。static 可以用来修饰成员变量和成员方法，它们被修饰后也称为类变量和类方法；static 也可以修饰代码块，修饰后的代码块称为静态代码块。

被 static 修饰的成员独立于任何对象，能被该类的所有对象共享。静态数据成员在程序运行期间一直存在，不会因为对象的消亡而被释放。静态方法中只能访问静态成员，不能访问非静态成员，也不能使用 this、super 等关键字。

下面的代码用静态成员实现单例模式，确保该类只能产生唯一的对象。

```
public class Singleton {
    private Singleton() {}                    // 构造方法设置为私有，禁止用 new 产生对象
    private static Singleton single=null;
    // 静态工厂方法（必须调用该方法获得对象）
    // 调用格式：Singleton. getInstance();
    public static Singleton getInstance() {
        if (single == null) {                 // 确保对象只生成一次
            single = new Singleton();
        }
        return single;
    }
}
```

6. 用包来管理类

在一个比较大的程序中，类的名字之间可能会发生冲突。包就像文件夹一样，可以将同名的类装到不同的包中避免冲突。

（1）声明包。声明包的格式是"package 包名 ;"。

Java SE 中自带的包命名通常以 java 开头，一些扩展包命名以 javax 开头。

自己定义的包通常用公司域名的倒写加上项目名作为包名，比如公司域名为 abc.com，开发的项目为 project1，则包名为 com.abc.project1。

（2）引用包。对包的引用需要 import 关键字，格式是"import 包名 . 类名 ;"。

如果要引用包中的所有类，格式是"import 包名 .*;"。

默认情况下，java.lang 包中的类自动引入，无需用 import 语句显式引入。

例如，A 类属于项目 project1，B 类属于项目 projrct2，B 类要引用 A 类，则 A 类的程序代码如下：

```
//A.java
package com.abc.project1;                    // 该类所属的包
public class A{
    ......
}
```

B 类的程序代码如下：

```
//B.java
package com.abc.project2;                    // 声明本类所属的包
```

```
import com.abc.project1;                        // 引用的包
public class B{
    public static void main(String args[]){
        A obj=new A();                          // 使用 A 类
    }
}
```

实现方法

1. 分析题目

列表类要实现一组整型数据的存储，并记住实际存入的整数个数，因此需要定义的数据成员包括一个整型数组 arr 和实际长度 length。列表类要具备的添加、插入、删除、显示功能可通过定义相应的方法来实现。

2. 实施步骤

（1）打开 Eclipse 开发工具，创建一个 MyList 类，并输入以下代码：

```
package cn.cqvie.chapter03.project1
class MyList{                                   // 列表类
    private int[] a;                            // 存放数据的数组
    private int length;                         // 数组实际长度
    public MyList(){                            // 构造方法
        a=new int[100];
        length=0;
    }
    public void add(int x){                     // 在列表末尾添加元素 x
        a[length]=x;
        length++;
    }
    public void insert(int n,int x){            // 在第 n 个位置前面插入元素 x（n 从 0 开始）
        if(n<0)
            n=0;
        if(n>length)
            n=length;
        for(int i=length-1;i>=n;i--)
            a[i+1]=a[i];
        a[n]=x;
        length++;                               // 添加元素后长度加 1
    }
    public void delete(int n){                  // 删除第 n 个元素（n 从 0 开始）
        if(n<0||n>length-1)
            return;
        for(int i=n;i<=length-2;i++)
            a[i]=a[i+1];
        length--;                               // 删除元素后长度减 1
    }
```

```
      public int get(int n){                      // 获取第 n 个元素值
         return a[n];
      }
      public int getLength() {                     // 获取列表长度
         return length;
      }
   public void show(){
      for(int i=0;i<length;i++)
         System.out.print(a[i]+" ");
      System.out.println();
   }
}

// 测试类
public class Test{
   public static void main(String[] args) {
      MyList list=new MyList();
      list.add(10); list.add(20); list.add(30);
      list.show();
      list.insert(2, 75);
      list.show();
      list.delete(1);
      list.show();
   }
}
```

（2）单击"保存"按钮进行保存。

（3）调试运行，显示结果。

该程序的运行结果如图 3-1 所示。

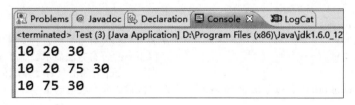

图 3-1　列表进行添加、插入、删除等操作的结果

任务 2　封装、继承和多态

任务描述

设计一个员工工资管理程序，用其计算公司不同类型员工的工资，并打印出收入清单。

任务要求

能使用继承的思想实现各个类型员工的类定义，并正确地进行初始化，最后测试程序的运行结果。

知识链接

1. 封装性

封装是把类设计成一个黑匣子，将里面包含的某些数据和操作隐藏起来。可通过其对外公开的特定操作接口方法对其进行访问，这样可以避免外部对内部的干扰。

对类成员的访问权限包括：公有（public）、私有（private）、保护（protected）、默认。

（1）公有（public）。用 public 修饰的类成员（包括变量和方法）称为公有的。公有成员允许应用程序中所有的方法对其进行访问，不仅允许类内部的方法访问，也允许同一个包或不同包中的类方法访问。这里的访问指存取公有数据或调用公有方法。

案例 3-4 公有成员的可访问性。

```
package cn.cqvie.chapter03.exam4
// 定义 MyClass 类
class MyClass{
    public int x;                          // 公有变量
    public void setX(int i){               // 公有方法
        x=i;
    }
    public void showX(){                   // 公有方法
        System.out.println(" 调用 showX，x="+x);
    }
}
// 定义测试类
public class Test{
    public static void main(String args[]){
        MyClass obj=new MyClass ();
        obj.setX(20);                      // 调用类的公有方法给公有变量赋值
        obj.showX();                       // 调用类的公有方法显示公有变量的值
        obj.x=100;                         // 直接给 obj 对象的公有变量赋值
        System.out.println(" 直接输出 x="+obj.x);   // 直接输出公有变量的值
    }
}
```

（2）私有（private）。用 private 修饰的类成员称为私有的。类的私有成员只能被这个类的方法直接访问，而不能被该类以外的方法访问。一般把不需要外界知道的数据或操作定义为私有成员，这样既有利于数据的安全性，也符合隐藏内部信息处理细节的原则。

在案例 3-4 中，如果将 MyClass 类的成员 x 定义为 private，main 方法中访问 x 的代码 obj.x 会出错，但是 MyClass 类中的 setX 和 showX 方法允许访问私有成员 x。

案例 3-5 隐藏数据成员。

```
package cn.cqvie.chapter03.exam5
public class Employee{                     // 定义 Employee 类
```

```
        private String name;                    // 姓名
        private String sex;                     // 性别
        private int age;                        // 年龄
        private float salary;                   // 基本工资

        public String getName() {
            return name;
        }
        public void setName(String name) {
            this.name = name;
        }
        public String getSex() {
            return sex;
        }
        public void setSex(String sex) {
            this.sex = sex;
        }
    public int getAge() {
            return age;
        }
        public void setAge(int age) {
            this.age = age;
        }
        public float getSalary() {
            return salary;
        }
        public void setSalary(float salary) {
            this.salary = salary;
        }

        public Employee(){                              // 构造方法（无参数）
        this(" 无名氏 "," 男 ",18,2000);
        }

        public Employee(String name,String sex,int age,float salary){    // 构造方法（有参数）
            this.name=name;
            this.sex=sex;
            this.age=age;
            this.salary= salary;
        }
    }
```

案例 3-5 的实现

提醒：在定义类的时候，通常将数据成员定义为私有的，然后通过公有的 getter 和
setter 访问数据成员。这样可以限制数据只能被本类的方法成员访问，加强了安全性，还
可以设置数据成员为只读或只写，并且在读 / 写的同时可以设置一些验证规则。

（3）保护（protected）。用 protected 修饰的类成员称为被保护成员。类的被保护成员
允许其所属的类、由此类派生的子类及同一个包中的其他类访问。

如果一个类有派生子类，为了使子类能够直接访问父类的成员，则把这些成员（大部

分是数据）说明为被保护的。

（4）默认。默认是指类的成员没有用任何关键字进行修饰，这种成员除了允许所属的类访问外，还允许同一个包中的其他类访问。若两个类不在同一个包中，即使是这个类的子类，也不允许访问这个类的默认成员。

提醒：上面所说的某个类可"访问"，是指在某个类的方法中，可以读、写本类或其他类的数据（变量）成员，或可以调用本类或其他类的方法（函数）成员，只有在类的方法中（函数体中）才能完成"访问"这个动作。

类成员的可访问性见表 3-1。

表 3-1　类成员的可访问性

	同一个类	同一个包中的类	其他包中的子类	其他包中的类
公有（public）	√	√	√	√
保护（protected）	√	√	√	×
默认	√	√	×	×
私有（private）	√	×	×	×

2. 继承性

继承就是以原有类为基础来创建一个新类，新类能传承原有类的数据和行为，并能扩充新的成员，从而达到代码复用的目的。在继承关系中原有的类称为父类（或基类），新的类称为子类（或派生类）。

在 Java 中只允许单重继承，一个父类可以有多个子类，但一个子类只能有一个父类。但支持多层继承，即子类还可以有子类。这样的继承关系就形成了继承树，如图 3-2 所示。

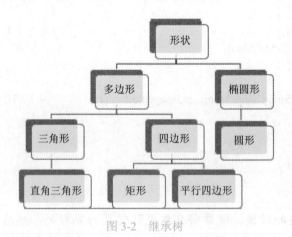

图 3-2　继承树

定义继承关系的语法格式如下：

```
[ 访问权限 ] class 类名 extends 父类名 {
    ……    // 类体
}
```

如果没有 extends 子句，则该类默认继承自 Object 类。用 final 修饰的类不能被继承。子类继承父类之后，具有如下特点。

（1）继承了父类所有的属性和方法，即父类将数据和方法成员传递给子类。

案例 3-6　类的继承和传递性。

```
package cn.cqvie.chapter03.exam6
class Employee{                                // 定义 Employee 类
    private String name;                       // 姓名
    private String sex;                        // 性别
    private int age;                           // 年龄
    private float salary;                      // 基本工资
    public Employee(String name,String sex,int age,float salary){   // 构造方法
        this.name=name;
        this.sex=sex;
        this.age=age;
        this.salary= salary;
    }
    public Employee(){                         // 构造方法（无参数）
        this(" 无名氏 "," 男 ",18,2000);
    }
}
    public String getName() {return name; }
    public void setName(String name) {this.name = name;}
    public String getSex() {return sex;}
    public void setSex(String sex) {this.sex = sex;}
    public int getAge() {return age;}
    public void setAge(int age) {this.age = age;}
    public float getSalary() {return salary;}
    public void setSalary(float salary) {this.salary = salary;}
}
// 定义经理类 Manager，通过继承雇员类 Employee 来实现
class Manager extends Employee {
    private float bonus;                        // 经理的奖金
    public float getBonus() { return bonus; }
    public void setBonus(float bonus) { this.bonus = bonus; }
}
// 定义测试类
public class Test {                            //test.java
    public static void main(String[] args) {
        Employee employee = new Employee();    // 创建 Employee 对象并为其赋值
    employee.setName(" 李小宏 ");
        employee.setSalary(2000);
        employee.setAge(20);
        Manager manager = new Manager();       // 创建 Manager 对象并为其赋值
        manager.setName(" 雷小军 ");
        manager.setSalary(3000);
        manager.setAge(30);
        manager.setBonus(2000);
```

案例 3-6 的实现

```
// 输出经理和员工的属性值
System.out.println(" 员工的姓名： " + employee.getName());
System.out.println(" 员工的工资： " + employee.getSalary());
System.out.println(" 员工的年龄： " + employee.getAge());
System.out.println(" 经理的姓名： " + manager.getName());
System.out.println(" 经理的工资： " + manager.getSalary());
System.out.println(" 经理的年龄： " + manager.getAge());
System.out.println(" 经理的奖金： " + manager.getBonus());
    }
}
```

提醒：Manager 类继承了 Employee 类的所有数据和方法成员，并在此基础上增加了"奖金"成员。

（2）子类对父类成员的可访问性见表 3-2。

表 3-2　子类对父类成员的可访问性

	同一包的子类	同一包的非子类	不同包的子类	不同包的非子类
公有（public）	√	√	√	√
保护（protected）	√	√	√	×
默认	√	√	×	×
私有（private）	×	×	×	×

（3）构造子类时要先调用父类的构造方法。

案例 3-7　继承关系中构造方法的调用顺序。

```
package cn.cqvie.chapter03.exam7
// 定义父类 A
class A {
    public A(){
        System.out.println("A 类的无参构造函数被调用 ");
    }
}
// 定义子类 B
class B extends A{
    public B(){                                     // 默认会先调用 A 类的无参构造方法
        System.out.println("B 类的构造函数被调用 ");
    }
}
// 定义测试类
public class Test {
    public static void main(String[] args) {
        B obj=new B();
    }
}
```

输出结果如图 3-3 所示。

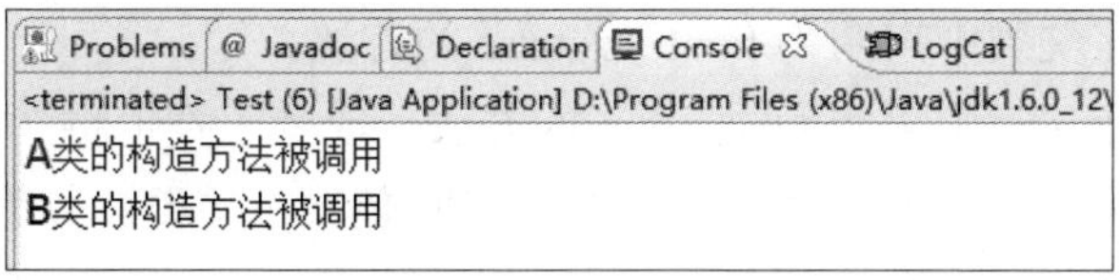

图 3-3 继承关系中构造方法的调用顺序

提醒：当父类只包含有参构造方法时，需要在子类构造方法中显式地用 super 关键字调用。例如，父类仅有带参数 x 的构造方法：

```
public class A {
    public A(int x)
    {
        System.out.println("A 类的有参构造函数被调用，参数值为 "+x);
    }
}
```

则子类构造方法应该用 super 关键字进行显式调用：

```
class B extends A
{
    public B()
    {
        super(100);                          //通过 super 调用父类构造函数（必须写在第一句）
        System.out.println("B 类的构造函数被调用 ");
    }
}
```

3. 多态性

多态指同类事物有多种状态。多态有两种表现形式：覆盖和重载。覆盖是指子类重新定义父类的方法，而重载是指同一个类中存在多个同名方法，而这些方法的参数不同。

（1）方法的重载（Overload）。重载是指同一个类中存在多个名字相同的方法，这些方法或参数个数不同，或参数类型不同，或两者都不同。方法重载不考虑返回值。

重载解决了方法命名困难的问题，同样的操作采用同样的名称也增强了程序的可读性。

例如，System.out.print 可以打印不同类型的数据，就是依赖重载来实现的：

```
public void print(boolean b)
public void print(char c)
public void print(int i)
public void print(long l)
public void print(float f)
public void print(double d)
```

构造方法也可以重载，在案例 3-3 中，Employee 类包含两个构造方法，一个无参数，一个有参数。

（2）方法的覆盖（Override）。在继承的过程中，父类的某些方法可能不符合子类的需要，Java 允许子类对父类的同名方法进行重新定义。如果子类方法与父类方法同名，则子类覆盖父类中的同名方法。在进行覆盖时，应注意以下三点：

1）子类不能覆盖父类中声明为 final 或 static 的方法。

2）子类必须覆盖父类中声明为 abstract 的方法，或者子类也将其声明为 abstract。

3）子类覆盖父类中同名方法时，子类方法声明必须与父类被覆盖方法的声明一样。

案例 3-8　子类覆盖父类的方法。

```
package cn.cqvie.chapter03.exam8
// 定义父类 A
class A {
  public void m1(){
    System.out.println(" 调用 A 类的 m1 方法。");
  }
  public void m2(){
    System.out.println(" 调用 A 类的 m2 方法。");
  }
}
// 定义子类 B，子类 B 覆盖父类 A 中的方法
class B extends A{
  public void m1(){
    System.out.println(" 调用 B 类的 m1 方法。");
  }
  public void m2(int x){
    System.out.println(" 调用 B 类的 m2 方法（带参数）。");
  }
}
// 定义测试类
public class Test {
  public static void main(String[] args) {
    A obj1=new A();
    B obj2=new B();
    obj1.m1();              // 此时 obj1 调用的是 A 类中定义的 m1() 方法
    obj1.m2();              // 此时 obj1 调用的是 A 类中定义的 m2() 方法
    obj2.m1();              // 此时 obj2 调用的是 B 类中定义的 m1() 方法
    obj2.m2();              // 此时 obj2 调用的是父类 A 类中定义的 m2() 方法
    obj2.m2(100);           // 此时 obj2 调用的是 B 类中定义的 m2(int x) 方法
  }
}
```

输出结果如图 3-4 所示。

图 3-4　方法的继承和覆盖

提醒:只有当子类的方法和父类方法的名称和参数都一致时,才会覆盖父类的方法(如案例 3-8 中的 m1),否则会继承父类的方法(如案例 3-8 中的 m2)。

(3)通过父类声明、子类构造方式创建对象。定义对象时,可以采用父类声明、子类构造的方式创建。程序在运行时会自动识别对象的类别,找到合适的方法进行调用。在项目实践中,经常把继承同一个父类的多个子类对象放入集合进行管理,然后用遍历的方式来依次调用每个对象的方法。

案例 3-9　通过父类声明、子类构造的方式创建对象。

```
package cn.cqvie.chapter03.exam9
//1.定义父类:形状类
class Shape{
    public void show(){
        System.out.println(" 显示一个形状(实际是无法实现的)。");
    }
}
//2.定义 Shape 类的子类:矩形类
class Rectangle extends Shape{
    public void show(){                     // 覆盖父类的 show() 方法
        System.out.println(" 显示一个矩形。");
    }
}
//3.定义 Shape 类的子类:圆形类
class Circle extends Shape{
    public void show(){                     // 覆盖父类的 show() 方法
        System.out.println(" 显示一个圆形。");
    }
}
//4.编写测试类测试程序
public class Test {
    public static void main(String[] args) {
        Shape s;                            // 父类的声明,也可称为指针
        s=new Shape();
        System.out.println(" 我是 "+s.getClass().getName()+" 类的对象。");      // 自报类名
        s.show();
        s=new Rectangle();
        System.out.println(" 我是 "+s.getClass().getName()+" 类的对象。");      // 自报类名
        s.show();
        s=new Circle();
        System.out.println(" 我是 "+s.getClass().getName()+" 类的对象。");      // 自报类名
        s.show();
    }
}
```

案例 3-9 的实现

输出结果如图 3-5 所示。

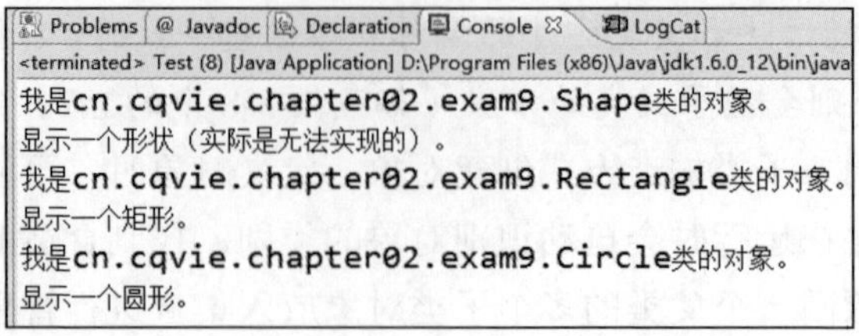

图 3-5 通过父类的指针访问子类的对象

提醒：Java 的对象具有"自知之明"，可以自己报出属于哪个类别，这种机制也称为 RTTI（Run-Time Type Identification，运行时类型识别），是面向对象的高级编程语言普遍具备的。正是因为这种类型识别机制的存在，在程序运行时，才能根据指针所指对象的类别（而不是指针本身的类别）准确地调用该类别的方法，从而表现出不同状态。

案例 3-10 通过父类数组（集合）来管理多个子类的对象。

```java
package cn.cqvie.chapter03.exam10
class Shape{                                  // 形状类
   public void show(){
      System.out.println(" 显示一个形状（实际是无法实现的）。");
   }
}
class Rectangle extends Shape{                // 矩形类
   public void show(){
      System.out.println(" 显示一个矩形。");
   }
}
class Circle extends Shape{                   // 圆形类
   public void show(){
      System.out.println(" 显示一个圆形。");
   }
}
public class Test {
   public static void main(String[] args) {
      Shape[] s=new Shape[3];                 // 包含 3 个对象指针的数组（集合）
      s[0]=new Shape();                       // 第 0 个指针指向 shape 对象
      s[1]=new Rectangle();                   // 第 1 个指针指向 rectangle 对象
      s[2]=new Circle();                      // 第 2 个指针指向 circle 对象
      for(int i=0;i<s.length;i++)             // 遍历数组
         s[i].show();                         // 依次调用每个指针所指对象的 show 方法
   }
}
```

输出结果如图 3-6 所示。

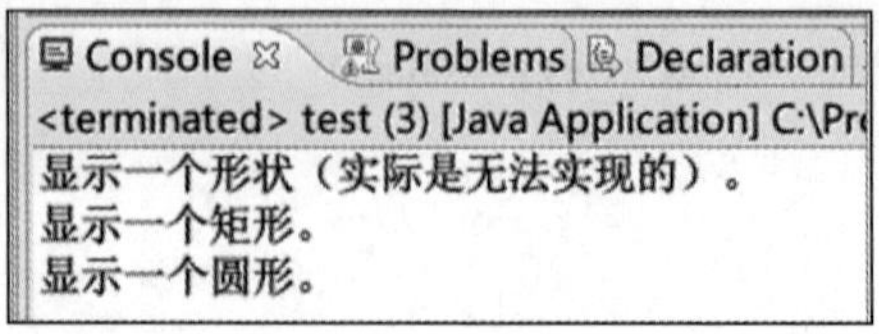

图 3-6 通过指针集合来管理一组子类的对象

提醒：用集合将一组源自同一父类的对象组织起来，可以很方便地用循环进行遍历。即使以后要增加新的子类（比如新增多边形类），整个程序的架构也不会发生变化。

实现方法

1. 分析题目

通过分析发现，经理、销售员、技术员这三类人员，都是员工（Employee）类的子类，先定义、创建各个员工对象并设置属性，再用一个数组（集合）将所有员工组织起来，循环遍历每个员工，显示收入情况。

任务 3-2 的实现

2. 实施步骤

（1）创建 Employee 员工类。

```
package cn.cqvie.chapter03.project2
// 定义 Employee 员工类
public class Employee  {
    private String name;                         // 姓名
    private float salary;                        // 基本工资
    public Employee(String name ,float salary) { // 构造方法
        this.name=name;
        this.salary= salary;
    }
    public String getName() {
        return name;
    }
    public void setName(String name) {
        this.name = name;
    }
    public float getSalary() {
        return salary;
    }
    public void setSalary(float salary) {
        this.salary = salary;
    }
    public float getEarnings() {                 // 收入
        return salary;
    }
}
```

（2）创建 Manager 经理类。

```
package cn.cqvie.chapter03.project2
// 定义 Manager 经理类
public class Manager extends Employee{
    private float bonus;                         // 经理的奖金
    public float getBonus() {
        return bonus;
```

```
        }
        public void setBonus(float bonus) {
            this.bonus = bonus;
        }
        public Manager(String name, float salary) {
            super(name, salary);
        }
        public float getEarnings(){                    // 收入（覆盖父类方法）
            rcturn this.getSalary()+this.getBonus();
        }
    }
```

（3）创建 Seller 销售员类。

```
package cn.cqvie.chapter03.project2
// 定义 Seller 销售员类
public class Seller extends Employee{
    private float deduct;                              // 销售提成
    public Seller(String name, float salary) {
    super(name, salary);
    }
    public float getDeduct() {
        return deduct;
    }
    public void setDeduct(float deduct) {
        this.deduct = deduct;
    }
    public float getEarnings(){                        // 收入（覆盖父类方法）
        return this.getSalary()+this.getDeduct();
    }
}
```

（4）创建 Seller 技术员类。

```
package cn.cqvie.chapter03.project2
// 定义 Technician 技术员类
public class Technician extends Employee{
    private float royalty;                             // 项目提成
    public float getRoyalty() {
        return royalty;
    }
    public void setRoyalty(float royalty) {
        this.royalty = royalty;
    }
    public Technician(String name, float salary) {
        super(name, salary);
    }
    public float getEarnings(){                        // 收入（覆盖父类方法）
```

```
            return this.getSalary()+this.getRoyalty();
    }
}
```

（5）编写测试类 Test。

```
package cn.cqvie.chapter03.project2
public class Test {
    public static void main(String[] args) {
        Manager m= new Manager(" 马腾云 ",3500);          // 经理
        m.setBonus(5000);
        Seller s1=new Seller(" 雷小军 ", 2000);            // 销售员
        s1.setDeduct(3000);
        Seller s2=new Seller(" 李小宏 ",2000);             // 销售员
        s2.setDeduct(3500);
        Technician t1=new Technician(" 张龙 ",2500);       // 技术员
        t1.setRoyalty(3500);
        Technician t2=new Technician(" 赵虎 ",3000);       // 技术员
        t2.setRoyalty(3500);
        Employee[] emp=new Employee[]{m,s1,s2,t1,t2};
        // 列举每个员工的收入
        for(int i=0;i<emp.length;i++){
            System.out.println(" 姓名 :"+emp[i].getName()+",  " +
                " 职务 :"+emp[i].getClass().getSimple Name()+",  " +
                " 收入 :"+emp[i].getEarnings()+"");
        }
    }
}
```

（6）调试运行，显示结果。该程序的运行结果如图 3-7 所示。

图 3-7　员工收入列表

思考与练习

理论题

1. 下列哪个类声明是正确的？（　　　）

　　A．public void Hi{…}　　　　　　　　B．public class Move(){…}

  C．public class void number{…}   D．public class Car{…}

2．下面的方法声明中，哪个是正确的？（ ）

  A．public class methodName(){}   B．public void int methodName(){}

  C．public void methodName(){}   D．public void methodName{}

3．下面对构造方法的描述不正确是（ ）。

  A．系统提供默认的构造方法

  B．构造方法可以有参数，也可以有返回值

  C．构造方法可以重载

  D．构造方法可以设置参数

4．设 A 为已定义的类名，下列声明 A 类的对象 a 的语句中正确的是（ ）。

  A．float A a;   B．public A a=A();

  C．A a=new int();   D．A a=new A();

5．关键字（ ）表示一个类定义的开始。

  A．declare   B．new   C．class   D．以上答案都不对

6．下列选项中，哪个是 Java 语言所有类的父类？（ ）

  A．String   B．Vector   C．Object   D．Data

7．在 Java 中，一个类可同时定义许多同名的方法，这些方法的形式参数个数、类型或顺序各不相同，传回的值也可以不相同。这种面向对象程序的特性称为（ ）。

  A．隐藏   B．覆盖   C．重载   D．封装

8．关于被私有访问控制符 private 修饰的成员变量，以下说法正确的是（ ）。

  A．可以被三种类所访问：①该类自身；②与它在同一个包中的其他类；③在其他包中的该类的子类

  B．可以被两种类访问：①该类本身；②该类的所有子类

  C．只能被该类自身所访问

  D．只能被同一个包中的类访问

9．假设 Foo 类定义如下，设 f 是 Foo 类的一个实例，下列调用语句中，（ ）是错误的。

```
public class Foo{
int i;
   static String s;
   void aMethod() {  }
   static void bMethod() {  }
}
```

  A．Foo.aMethod();   B．f.aMethod();

  C．System.out.println(f.i);   D．Foo.bMethod()

10．下述概念中不属于面向对象方法的是（ ）。

  A．对象、消息   B．继承、多态

  C．类、封装   D．过程调用

11．在 Java 程序定义的类中包括两种成员，分别是 _____、_____。

12．_____ 是 Java 语言中定义类时必须使用的关键字。

13．_____ 是抽象的，而 _____ 是具体的。

14．定义在类中方法之外的变量称为 _____。

15．下面是一个类的定义，请将其补充完整。

```
class _____{
  private String name;
  private int age;
  public Student(_____s, int  i){
    name=s;
    age=i;
  }
}
```

16．在 Java 程序中，使用关键字 _____ 来引用当前对象。

17．面向对象的 3 个特性是 _____、_____ 和 _____。

18．Java 用 _____ 关键字指明继承关系。

19．用关键字 _____ 修饰的方法称为类方法。

20．两个方法具有相同的名字、参数表和返回类型，只是方法体不同，则称为

_____。

实训题

1．设计一个长方形类，成员变量包括长度和宽度。类中有计算面积和周长的方法，并有相应的 setter 方法和 getter 方法设置和获得长度和宽度。编写测试类进行功能测试。

2．改进列表类，增加一个构造方法，可以设置数组的最大长度，并增加查找、排序、逆排序功能。

3．编写一个圆形类（Circle），并在 Test 类的主方法中对其进行调用，该类成员如下：

（1）变量。

```
radius( 半径 , 私有 , 浮点型 )
```

（2）构造方法。

```
Circle()                              //将半径设为 0
Circle(double  r )                    //将半径初始化为 r
```

（3）其他方法。

```
double getArea()                      //获取圆的面积
double getPerimeter()                 //获取圆的周长
void  show()                          //输出圆的半径、周长、面积
```

4．编写一个圆柱体类（Cylinder），它继承上面的 Circle 类，在 Test 类的主方法中对其进行调用，并增加如下成员：

（1）变量。

```
height( 高度 , 私有 , 浮点型 )          //圆柱体的高
```

（2）构造方法。

Cylinder (double r, double h)   // 将半径初始化为 r，高度初始化为 h

（3）其他方法。

double getVolume()   // 获取圆柱体的体积
void showVolume()   // 输出圆柱体的体积

5．用一个列表（集合）对员工进行管理，实现员工数据的添加、插入、删除，并按年龄、工资进行排序，显示全部员工信息。提示：存放数据的数组的定义为"Employee[] a"。

第4章 抽象类、接口和包

项目导读

我们在学习了 Java 面向对象的相关概念后，将继续学习 Java 的三个重要知识点：抽象类、接口、包，并学习相关编程案例。本章包含 3 个任务。任务 1 设计一个继承抽象类求图形面积的案例，可以实现求三角形、圆形、矩形的面积；任务 2 设计一个实现了报警接口、继承了门类的防盗门类，并在类中重写接口和父类的抽象方法；任务 3 和任务 1 利用了同一个案例，重点使读者掌握包的概念、定义和引用格式。

教学目标

- 能了解抽象类、接口的概念；
- 能正确掌握抽象类的定义和接口的定义；
- 能正确实现利用抽象类派生子类，并重写抽象类中的抽象方法；
- 能正确实现接口派生子类，并重写接口中的抽象方法；
- 能正确理解区分抽象类和接口的区别；
- 能正确定义包、引用包；
- 能正确界定变量、方法和类的权限。

任务 1　抽象类

任务描述

定义一个图形抽象类 Shape，定义如下子类：矩形类 Rectangle、圆形类 Circle、三角形类 Triangle，并分别求三种图形的面积。

任务要求

在抽象类 Shape 中定义一个求面积的抽象方法；然后定义继承了该抽象类的三个子类：矩形类 Rectangle、圆形类 Circle、三角形类 Triangle，在三个子类中重写父类的抽象方法；最后编写测试类，求三种图形的面积。

知识链接

1. 抽象类的概念

现实生活中会有这样的情形：

- 老师说：希望大家期末考试考出好成绩。

  怎么考？留给你自己实现。

- 中国奥运代表团出征大会，国家体育局领导发言：希望各位赛出水平，赛出风格，争金夺银。

  怎么比赛？留给运动员自己去比赛。

在 Java 中可以创建专门的类来作为父类，这种类被称为"抽象类"（Abstract class）。抽象类描述继承体系的上层结构，定义抽象类的目的就是为了让别人继承。继承者可按抽象类中定义的方案进行具体的设计。

2. 抽象类的定义

使用关键字 abstract 修饰的类称为抽象类。定义抽象类的语法格式如下：

```
abstract class 类名 {
  声明成员变量；
  返回值的数据类型 方法名 ( 参数表 ){
    ……
  }
  abstract 返回值的数据类型 方法名 ( 参数表 );
}
```

3. 抽象类的使用规则

（1）抽象类可以包含 0 个或多个抽象方法。

（2）抽象方法表明该抽象类的子类必须提供此方法的具体实现，否则该子类必须继续是抽象类。

（3）使用关键字 abstract 来声明抽象方法。格式如下：

```
abstract class Animal{                          // 抽象类
    ……
public abstract void eat();                      // 抽象方法
    ……
}
```

关于抽象方法的几点说明：

● 抽象方法只有方法的声明，没有方法体。

● 抽象方法用来描述系统具有什么功能。

● 具有一个或多个抽象方法的类必须声明为抽象类。

提醒：

（1）抽象类中可以没有抽象方法，也可以有抽象方法。

（2）有抽象方法的类一定是抽象类。

（4）抽象类也可以有具体的属性和方法。

（5）构造方法不能声明为抽象方法。

（6）当一个具体类继承一个抽象类时，必须实现抽象类中声明的所有抽象方法，否则也必须声明为抽象类。

（7）不能通过 new 关键字实例化抽象类的对象。

```
Animal animal = new Animal(" 旺旺 ");            // 错误，因为 Animal 是抽象类
```

但是可以声明抽象类的引用指向子类的对象，以实现多态性，比如：

```
Animal animal = new Dog(" 旺旺 ");              // 正确
animal.eat();
```

其中，Dog 是实现了抽象类中抽象方法的子类，是普通类。

案例 4-1　定义抽象类 Animal，并定义其子类 Dog 和 Cat，测试程序运行结果。

（1）定义抽象类 Animal。

```
abstract class Animal{                          // 抽象类
    String name;                                // 属性
    public Animal(String n){                    // 构造方法
        name = n;
    }
    public abstract void eat();                 // 抽象方法
    public String getName(){                    // 具体方法
        return name;
    }
}
```

案例 4-1 的实现

Animal 类中包含成员变量 name、一个参数的构造方法 public Animal(String n)、抽象方法 eat() 和普通实例方法 getName()。

（2）定义第一个继承自 Animal 的子类 Dog，并实现 Animal 类中的抽象方法，代码如下：

```
public class Dog extends Animal {
    public Dog(String n) {
```

```
        super(n);
    }
    @Override
    public void eat(){                          // 实现抽象类的抽象方法
        System.out.println(name + " 啃骨头 ");
    }
}
```

（3）定义第二个继承自 Animal 的子类 Cat，并实现 Animal 类中的抽象方法，代码如下：

```
public class Cat extends Animal {
    public Cat(String n) {
        super(n);
    }
    @Override
    public void eat() {
        System.out.println(name + " 吃鱼 ");
    }
}
```

（4）编写测试类 AnimalDemo，测试程序运行效果。测试类代码如下：

```
public class AnimalDemo {
    public static void main(String[] args) {
        // 测试
        //Anaiml animal=new Animal();              // 错误，抽象类不能生成对象
        Animal dog=new Dog(" 旺旺 ");
        Animal cat=new Cat(" 喵喵 ");
        dog.eat();
        cat.eat();
    }
}
```

（5）测试运行，显示结果如图 4-1 所示。

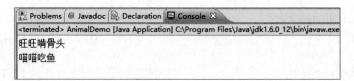

图 4-1　案例 4-1 的运行结果

实现方法

任务 4-1 的实现

1. 分析题目

通过分析任务要求，可以用以下方法完成本任务。

（1）定义一个抽象类 Shape，在类中定义一个求面积的抽象方法 area()。

（2）定义一个继承 Shape 的子类——矩形类 Rectangle，并重写 area() 方法。

（3）定义一个继承 Shape 的子类——圆形类 Circle，并重写 area() 方法。

（4）定义一个继承 Shape 的子类——矩形类 Triangle，并重写 area() 方法。

（5）定义测试类，测试程序的运行结果。

2. 实施步骤

（1）定义抽象类 Shape，代码如下：

```
// 定义抽象类 Shape
public abstract class Shape {
    public abstract double area();              // 抽象方法
}
```

（2）定义继承 Shape 的子类——矩形类 Rectangle，代码如下：

```
public class Rectangle extends Shape {
    // 定义私有的实例变量，width 表示宽度，height 表示高度
    private double width;
    private double height;
    // 定义两个参数的构造方法
    public Rectangle(double w,double h){
        this.width=w;
        this.height=h;
    }
    @Override
    public double area() {
        return this.width*this.height;
    }
}
```

（3）定义继承 Shape 的子类——圆形类 Circle，代码如下：

```
public class Circle extends Shape {
    // 定义私有的实例变量，r 表示圆的半径
    private double r;
    // 定义一个参数的构造方法
    public Circle(double r){
        this.r=r;
    }
    // 重写抽象方法
    @Override
    public double area() {
        return Math.PI*r*r;
    }
}
```

（4）定义继承 Shape 的子类——矩形类 Triangle，代码如下：

```
public class Triangle extends Shape {
    // 定义私有的实例变量，d 表示三角形的底，h 表示三角形的高
    private double d;
    private double h;
```

```
    // 定义两个参数的构造方法
    public Triangle(double d,double h){
        this.d=d;
        this.h=h;
    }
    // 重写抽象方法
    @Override
    public double area() {
        return d*h/2;
    }
}
```

（5）定义测试类，测试程序的运行结果，代码如下：

```
public class ShapeDemo {
    /**
     * 测试 Shape 抽象及子类的运行结果
     */
    public static void main(String[] args) {
        Shape rectangle=new Rectangle(4.0, 5.0);
        Shape circle=new Circle(3.0);
        Shape triangle=new Triangle(4.0, 3.0);
        System.out.println(" 矩形面积 ="+rectangle.area());
        System.out.println(" 圆形面积 ="+circle.area());
        System.out.println(" 三角形面积 ="+triangle.area());
    }
}
```

（6）调试运行，显示结果。该程序的运行结果如图 4-2 所示。

图 4-2　任务 1 的程序运行结果

任务 2　接口

🔍 任务描述

设计一个防盗门普通类 SecurityDoor，该类继承了抽象类（Door）和报警接口（IAlarm）。

📖 任务要求

定义一个报警接口 IAlarm，内有含义为报警的抽象方法 alarm()；定义一个含义为门的抽象类 Door，内有抽象方法 open() 和 close()，含义分别为开和关；定义一个含义为铁门的类 IronDoor，该类继承 Door 类，并实现 open() 和 close() 方法；定义一个含义为防盗门的类 SecurityDoor，该类继承 Door 类并实现 open() 和 close() 方法，也继承接口 IAlarm 并实现 alarm() 方法；最后测试并运行该程序。

知识链接

1. 接口的定义

用关键字 interface 定义接口。接口中没有实例变量，接口中的方法全部都是抽象方法，即方法不含方法体。一旦接口被定义，该接口就可以被一个类或多个类继承。而且，一个类可以实现多个接口。

要实现一个接口，接口的实现类必须实现该接口中所有的抽象方法。然而，每个类都可以自由地决定它们自己实现的细节。通过提供 interface 关键字，Java 允许充分利用多态性的"一个接口，多个方法"。

接口比抽象类更具有普遍性，接口不会改变类原有的体系结构。

提醒：在 C++ 语言中，类是可以实现"多重继承"的，即一个类可以有多个父类；但是在 Java 语言中，一个类只能有一个父类，只能通过接口实现"多重继承"。

接口定义的语法格式如下：

```
[public] interface 接口名称 [extends 父接口名列表 ]{
    [public][static][final] 数据类型 成员变量名 = 常量；
      ……
    [public][abstract] 返回值的数据类型 方法名 ( 参数表 )；
      ……
}
```

下面是一个接口定义的例子。它声明了一个简单的接口，里面包含了常量和抽象方法。

```
interface A {
    public static final String address=" 重庆工程职业技术学院 ";    // 全局常量
    public static final String author=" 谢先伟 ";                // 全局常量
    public abstract String show();                              // 公共的抽象方法
    public abstract void printInfo();                           // 公共的抽象方法
}
```

提醒：在 Java 的接口中只能定义全局常量和公共的抽象方法。

对接口来讲，因为接口在定义的时候就默认地定义了接口中的变量就是全局常量，接口中的方法就是公共的抽象方法，所以程序在开发中往往可以进行简化定义，如以下代码所示。

```
interface A {
    String address=" 重庆工程职业技术学院 ";    // 全局常量
    String author=" 谢先伟 ";                // 全局常量
    String show();                          // 公共的抽象方法
    void printInfo();                       // 公共的抽象方法
}
```

以上两种定义接口的方式是完全一样的，没有区别。

2. 接口的实现

在声明一个类的同时用关键字 implements 来实现一个接口。接口实现的语法格式为：

```
class 类名称 implements 接口 A{
    ……
}
```

提醒：一个类要实现一个接口时应注意以下几点。

（1）非抽象类中不能存在抽象方法。

（2）一个类在实现某接口的抽象方法时，必须使用完全相同的方法头。

（3）接口中抽象方法的访问控制修饰符都已指定为 public，所以类在实现方法时，必须显式地使用 public 修饰符。

3. 接口的继承

与类相似，接口也有继承性。定义一个接口时可通过 extends 关键字声明该新接口是某个已存在的父接口的派生接口，它将继承父接口的所有常量与抽象方法。与类的继承不同的是，一个接口可以有一个以上的父接口，它们之间用逗号分隔，形成父接口列表，格式如下：

```
interface 子接口 extends 父接口 A, 父接口 B,…{
    ……
}
```

4. 利用接口实现类的"多重继承"

"多重继承"是指一个子类可以有一个以上的直接父类，该子类可以继承它所有直接父类的成员。Java 虽不支持多重继承，但可利用接口来实现比多重继承更强的功能。

一个类实现多个接口时，在 implements 子句中用逗号进行分隔，格式如下：

```
class 类名称 implements 接口 A, 接口 B,…{
    ……
}
```

从上面的代码中可以看出，一个类可以继承多个接口，这样类就摆脱了 Java 中的类只能单重继承的局限性的束缚。

5. 抽象类和接口的不同

抽象类和接口都可以通过多态生成实例化对象，但是二者是有区别的，具体见表 4-1。

表 4-1　抽象类和接口的不同

序号	不同点	抽象类	接口
1	定义	含有抽象方法的类，关键字为 class	抽象方法和全局变量的集合，关键字为 interface
2	组成	构造方法、普通方法、抽象方法、常量、变量	全局常量、公共的抽象方法

续表

序号	不同点	抽象类	接口
3	使用	子类继承抽象类，关键字为 extends	子类继承接口，关键字为 implements
4	关系	抽象类可以实现多个接口	接口不能继承抽象类，但是可以继承多个接口
5	常见的设计模式	模板设计模式	工厂设计模式、代理设计模式
6	局限	单继承局限	没有单继承局限
7	实际	作为一个模板	作为一个标准或一种能力
8	选择	当既可以选择抽象类又可以选择接口时，则优先选择接口，因为接口没有单继承的局限，更具有普遍性和通用性。	

实现方法

任务 4-2 的实现

1. 分析题目

通过分析任务要求，可以用以下方法完成本任务。

（1）定义一个报警接口 IAlarm，在接口中定义一个含义为报警的抽象方法 alarm()。

（2）定义一个门的抽象类 Door，在类中定义两个抽象方法 open() 和 close()。

（3）定义一个门类 Door 的子类铁门类 IronDoor，在 IronDoor 类中实现 open() 方法和 close() 方法。

（4）定义门类 Door 的子类防盗门类 SecurityDoor，该类继承接口 IAlarm，要在类中实现三个方法，分别是父类的 open() 方法和 close() 方法，还有一个是接口 IAlarm 中的 alarm() 方法。

（5）定义测试类 Test，测试程序的运行结果。

2. 实施步骤

（1）定义报警接口 IAlarm，代码如下：

```
// 定义报警接口 IAlarm
public interface IAlarm {
    // 定义报警方法 alarm();
    public void alarm();
}
```

（2）定义抽象类 Door，代码如下：

```
// 定义抽象类 Door
public abstract class Door {
    private String name;                    // 门的名称
    // 定义构造方法
    public Door(String name){
        this.name=name;
    }
    // 定义 name 属性的 getter 方法
```

```java
    public String getName() {
        return name;
    }
    // 定义 name 属性的 setter 方法
    public void setName(String name) {
        this.name = name;
    }
    // 抽象方法
    public abstract void open();                    // 开
    public abstract void close();                   // 关
}
```

在 Door 类中定义了一个私有的字符串实例变量 name，并有对应的 getter 和 setter 方法；定义了有参数的构造方法 Door(String name)；定义了两个抽象方法 open() 和 close()。

（3）定义子类铁门类 IronDoor，代码如下：

```java
// 定义铁门类，该类继承了父类 Door
public class IronDoor extends Door {
    // 定义铁门的构造方法
    public IronDoor(String name){
        super(name);
    }
    // 重写父类的 open() 方法
    @Override
    public void open() {
        System.out.println(this.getName()+" 实现了父类 Door 中的 open() 方法。");
    }
    // 重写父类的 close() 方法
    @Override
    public void close() {
        System.out.println(this.getName()+" 实现了父类 Door 中的 close() 方法。");
    }
}
```

在铁门类 IronDoor 中，定义了一个参数的构造方法 IronDoor(String name)；实现了父类中的两个抽象方法。

（4）定义子类防盗门类 SecurityDoor，代码如下：

```java
// 定义防盗门类 SecurityDoor，该类继承了父类 Door，又继承了接口 IAlarm
public class SecurityDoor extends Door implements IAlarm {
    // 定义一个参数的构造方法
    public SecurityDoor(String name){
        super(name);
    }
    // 重写接口 IAlarm 中的抽象方法 alarm()
    @Override
    public void alarm() {
        System.out.println(this.getName()+" 实现了接口 IAlarm 中的抽象方法 alarm()。");
    }
    // 重写父类中的 open() 方法
    @Override
```

```
public void open() {
    System.out.println(this.getName()+" 实现了父类 Door 中的抽象方法 open()。");
}
// 重写父类中的 close() 方法
@Override
public void close() {
    System.out.println(this.getName()+" 实现了父类 Door 中的抽象方法 close()。");
}
}
```

在子类 SecurityDoor 中，定义了一个参数的构造方法 SecurityDoor(String name)；重写了接口 IAlarm 中的抽象方法 alarm()；重写了父类中的抽象方法 open() 和 close()。

（5）定义测试类 Test，测试程序的运行结果，代码如下：

```
public class Test {
    /**
     * @ 测试铁门类和防盗门类
     */
    public static void main(String[] args) {
        // 铁门对象
        Door ironDoor=new IronDoor(" 永固牌铁门 ");
        // 防盗门对象
        SecurityDoor securityDoor=new SecurityDoor(" 安全牌防盗门 ");
        ironDoor.open();
        ironDoor.close();
        securityDoor.open();
        securityDoor.close();
        securityDoor.alarm();
    }
}
```

（6）调试运行，显示结果。该程序的运行结果如图 4-3 所示。

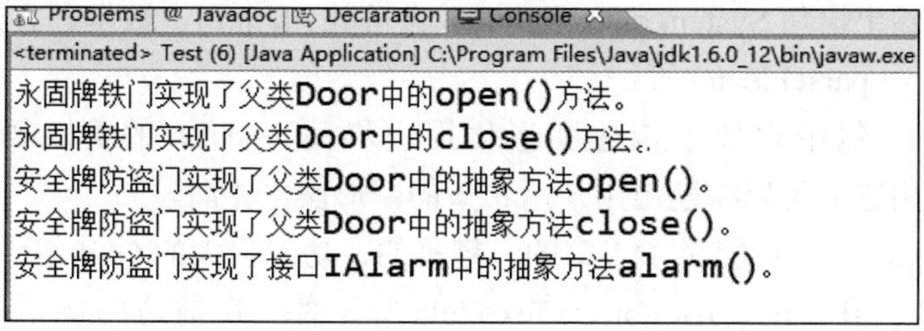

图 4-3 任务 2 的程序运行结果

任务 3 包

任务描述

引入包的概念后，再次完成任务 1：定义一个图形抽象类 Shape，并定义其子类：矩形类 Rectangle、圆形类 Circle、三角形类 Triangle，并分别求三种图形的面积。

任务要求

先定义一个名为 cn.cqvie.chapter04.project3 的包，在该包内定义一个报警接口 IAlarm，内有含义为报警的抽象方法 alarm()；定义一个含义为门的抽象类 Door，内有抽象方法 open() 和 close()，含义是开和关；定义一个含义是铁门的类 IronDoor，该类继承 Door 类，并实现 open() 和 close() 方法；定义一个防盗门的类 SecurityDoor，该类继承 Door 类并实现 open() 和 close() 方法，也继承接口 IAlarm 并实现 alarm() 方法；最后测试并运行该程序。

知识链接

1. Java 中常用的标准类包

在 Java 中，包（Package）是一种松散的类的集合，可以将各种类文件组织在一起，就像磁盘的目录（文件夹）一样。无论是 Java 中提供的标准类，还是我们自己编写的类文件都应包含在一个包内。包的管理机制提供了类的多层次命名空间，避免了命名冲突问题，解决了类文件的组织问题，方便了我们的使用。

Oracle 公司在 JDK 中提供了各种实用类，通常被称为标准的 API（Application Programming Interface）。这些类按功能分别被放入了不同的包中，供大家开发程序使用。随着 JDK 版本的不断升级，标准类包的功能也越来越强大，使用也更为方便。

Java 提供的标准类都放在标准的包中，下边简要介绍其中常用的几个包的功能。

（1）java.lang。包中存放了 Java 最基础的核心类，诸如 System、Math、String、Integer、Float 等。在程序中，这些类不需要使用 import 语句导入即可直接使用。例如前边程序中使用的输出语句 System.out.println()、类常数 Math.PI、数学开方方法 Math.sqrt()、类型转换语句 Float.parseFloat() 等。

（2）java.awt。包中存放了构建图形化用户界面（GUI）的类，如 Frame、Button、TextField 等，使用它们可以构建出用户所希望的图形操作界面。

（3）javax.swing。包中提供了丰富的、精美的、功能强大的 GUI 组件，是 java.awt 功能的扩展，提供了 JFrame、JButton、JTextField 等组件。在前边的例子中我们就使用过 JoptionPane 类的静态方法进行对话框的操作，它比 java.awt 相关的组件更灵活、更容易使用。

（4）java.util。包中提供了一些实用工具类，如定义系统特性、使用与日期日历相关的方法以及分析字符串等。

（5）java.io。包中提供了数据流输入/输出操作的类，如建立磁盘文件、读写磁盘文件等。

（6）java.sql。包中提供了支持使用标准 SQL 方式访问数据库功能的类。

（7）java.net。包中提供与网络通信相关的类，用于编写网络实用程序。

2. 包的创建及包中类的引用

如上所述，每一个 Java 类文件都属于一个包。读者也许会问：我们之前创建示例程序时，并没有创建过包，程序不是也正常执行了吗？

事实上，如果在程序中没有指定包名，系统默认为是无名包。无名包中的类可以相互引用，但不能被其他包中的 Java 程序所引用。对于简单的程序，是否使用包名也许没有影响，但对于一个复杂的应用程序，如果不使用包来管理类，将会使程序的开发陷入混乱。

下面简要介绍包的创建及使用。

（1）创建包。将自己编写的类按功能放入相应的包中，以便在其他的应用程序中进行引用，这是对面向对象程序设计者最基本的要求。我们可以使用 package 语句将编写的类放入一个指定的包中。package 语句的一般格式如下：

package 包名；

注意：在创建包时，应注意以下事项。

- package 语句必须放在整个源程序第一条语句的位置（注解行和空行除外）。
- 包名应符合标识符的命名规则，习惯上，包名使用小写字母书写。可以使用多级结构的包名，如 Java 提供的类包：java.util、java.sql 等。事实上，创建包就是在当前文件夹下创建一个以包名命名的子文件夹并存放类的字节码文件。如果使用多级结构的包名，就相当于以包名中的 "." 为文件夹分隔符，在当前的文件夹下创建多级结构的子文件夹并将类的字节码文件存放在最后的文件夹下。

下面举例说明包的创建。

前边我们创建了平面几何图形类 Shape、Triangle 和 Circle，现在要将它们的类文件代码放入 shape 包中，我们只需在 Shape.java、Triangle.java 和 Circle.java 三个源程序文件的开头（作为第一条语句）各自添加一条如下的语句就可以了。

package shape；

在完成对程序文件的修改之后，重新编译源程序文件，生成的字节码类文件便被放入创建的文件夹下。

一般情况下，我们是在开发环境界面中（比如 Eclipse 中）执行编译命令或单击相应按钮进行编译的。但有时候，我们希望在 DOS 命令提示符下进行 Java 程序的编译、运行等。下面简要介绍 DOS 环境下编译带有创建包语句的源程序的操作。编译命令的一般格式如下：

javac –d [文件夹名] [.] 源文件名

其中：

- -d 表明源程序带有创建包的语句。
- . 表示在当前文件夹下创建包。
- "文件夹名" 是已存在的文件夹名，要创建的包将放在该文件夹下。

例如，要将上述的 3 个程序文件创建的包放在当前文件夹下，则应执行如下编译操作：

javac -d .Shape.java

```
javac -d .Triangle.java
javac -d .Circle.java
```

如果想将包创建在 d:\java 文件夹下，则执行如下的编译操作：

```
javac -d d:\java Shape.java
javac -d d:\java Triangle.java
javac -d d:\java Circle.java
```

在执行上述操作之后，我们可以查看所生成的 shape 包文件夹下的字节码类文件。

事实上，常常将包中的类文件压缩在 JAR（Java Archive，用 ZIP 压缩方式，以 .jar 为扩展名）文件中，一个 JAR 文件往往会包含多个包，Sun J2SE 所提供的标准类就是压缩在 rt.jar 文件中。

（2）引用包中的类。在前边的程序中，我们已经多次引用了系统提供的包中的类，例如，使用 java.util 包中的 Date 类，创建其对象用于处理日期等。

一般来说，我们可以使用如下两种方法引用包中的类。

1）使用 import 语句导入类（在前边的程序中，我们已经使用过此方法），其使用的一般格式如下：

```
import 包名 .*;  // 可以使用包中所有的类
```

或：

```
import 包名 . 类名 ; // 只装入包中类名指定的类
```

在程序中，import 语句应放在 package 语句之后，如果没有 package 语句，则 import 语句应放在程序开始，一个程序中可以含有多个 import 语句，即在一个类中，可以根据需要引用多个包中的类。

2）在程序中直接引用包中所需要的类，引用的一般格式如下：

```
包名 . 类名
```

例如，可以使用如下语句在程序中直接创建一个日期对象：

```
java.util.Date  date1 = new java.util.Date();
```

3. 权限访问限定

在前边介绍的类、变量和方法的声明中已接触了访问限定符。访问限定符用于限定类、成员变量和方法能被其他类访问的权限，当时我们只是简单介绍了其功能，且只使用了 public（公有的）和 friendly（友元的）两种形式。在有了包的概念之后，我们将几种访问限定总结如下：

（1）默认访问限定。如果省略了访问限定符，则系统默认为是 friendly（友元的）限定。拥有该限定的类只能被所在包内的其他类访问。

（2）public 访问限定。由 public 限定的类为公共类。公共类可以被其他所有的类访问。

注意：使用 public 限定符时应注意以下两点。

● public 限定符不能用于限定内部类。

● 一个 Java 源程序文件中可以定义多个类，但最多只能有一个被定义为公共类。如果有公共类，则程序名必须与公共类同名。

（3）private（私有的）访问限定。private 限定符只能用于成员变量、方法和内部类。

私有的成员只能在本类中被访问，即只能在本类的方法中由本类的对象引用。

（4）protected（保护的）访问限定。protected 限定符也只能用于成员变量、方法和内部类。用 protected 声明的成员也被称为受保护的成员。它可以被其子类（包括本包的或其他包的）访问，也可以被本包内的其他类访问。

综上所述，在表 4-2 中简要列出各访问限定的引用范围。其中，"√"表示可访问，"×"表示不可访问。

表 4-2　访问限定的引用域

访问范围	同一个类	同一个包	不同包的子类	不同包非子类
public	√	√	√	√
缺省	√	√	×	×
private	√	×	×	×
protected	√	√	√	×

实现方法

任务 4-3 的实现

1. 分析题目

通过分析任务要求，可以用以下方法完成本任务。

（1）定义一个包 cn.cqvie.chapter04.project3。

（2）在包中定义一个抽象类 Shape，在类中定义一个求面积的抽象方法 area()。

（3）在包中定义一个继承 Shape 的子类——矩形类 Rectangle，并重写 area() 方法。

（4）在包中定义一个继承 Shape 的子类——圆形类 Circle，并重写 area() 方法。

（5）在包中定义一个继承 Shape 的子类——三角形类 Triangle，并重写 area() 方法。

（6）在包中定义测试类，测试程序的运行结果。

2. 实施步骤

（1）在项目中创建一个包 cn.cqvie.chapter04.project3。

（2）在包 cn.cqvie.chapter04.project3 中定义抽象类 Shape，代码如下：

```
package cn.cqvie.chapter04.project3;
// 定义抽象类 Shape
public abstract class Shape {
    public abstract double area();                //抽象方法
}
```

（3）在包 cn.cqvie.chapter04.project3 中定义继承 Shape 的子类——矩形类 Rectangle。

```
package cn.cqvie.chapter04.project3;
public class Rectangle extends Shape {
    // 定义私有的实例变量，width 表示宽，height 表示高
    private double width;
    private double height;
    // 定义两个参数的构造方法
```

```
    public Rectangle(double w,double h){
        this.width=w;
        this.height=h;
    }
    @Override
    public double area() {
        return this.width*this.height;
    }
}
```

（4）在包 cn.cqvie.chapter04.project3 中定义继承 Shape 的子类——圆形类 Circle。

```
package cn.cqvie.chapter04.project3;
public class Circle extends Shape {
    // 定义私有的实例变量 r，表示圆的半径
    private double r;
    // 定义一个参数的构造方法
    public Circle(double r){
        this.r=r;
    }
    // 重写抽象方法
    @Override
    public double area() {
        return Math.PI*r*r;
    }
}
```

（5）定义继承 Shape 的子类——三角形类 Triangle。

```
package cn.cqvie.chapter04.project3;
public class Triangle extends Shape {
    // 定义私有的实例变量，d 表示三角形的底，h 表示三角形的高
    private double d;
    private double h;
    // 定义两个参数的构造方法
    public Triangle(double d,double h){
        this.d=d;
        this.h=h;
    }
    // 重写抽象方法
    @Override
    public double area() {
        return d*h/2;
    }
}
```

（6）定义测试类，测试程序的运行结果，代码如下：

```
package cn.cqvie.chapter04.project3;
public class ShapeDemo {
    /**
```

```
    * 测试抽象类 Shape 及其子类的运行结果 */
    public static void main(String[] args) {
        Shape rectangle=new Rectangle(4.0, 5.0);
        Shape circle=new Circle(3.0);
        Shape triangle=new Triangle(4.0, 3.0);
        System.out.println(" 矩形面积 ="+rectangle.area());
        System.out.println(" 圆形面积 ="+circle.area());
        System.out.println(" 三角形面积 ="+triangle.area());
    }
}
```

（7）调试运行，显示结果。该程序的运行结果如图 4-4 所示。

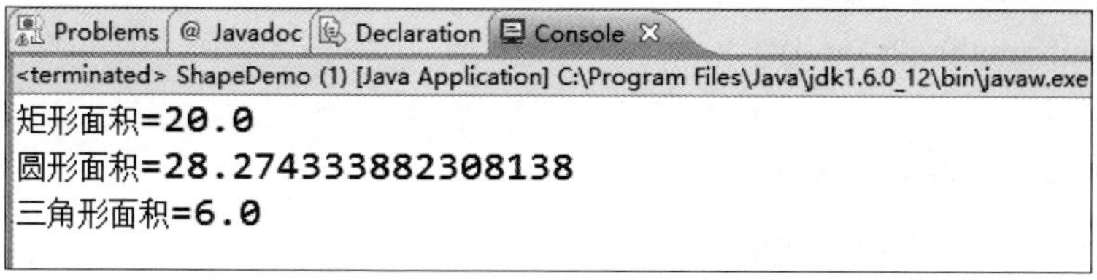

图 4-4　任务 3 的程序运行结果

思考与练习

理论题

1. 抽象类的定义格式是（　　）。

    A．abstract class   B．final class

    C．public class   D．private class

2. 下面说法中正确的是（　　）。

    A．抽象类中一定有抽象方法   B．抽象类中一定没有抽象方法

    C．有抽象方法的类一定是抽象类   D．有抽象方法的类不一定是抽象类

3. 定义接口的关键字是（　　）。

    A．abstract   B．implements   C．extends   D．interface

4. 一个类要继承接口，应使用关键字（　　）。

    A．abstract   B．implements   C．extends   D．interface

5. 已知有一个接口 A，其定义代码如下所示。

```
interface A{
    int method1(int i);
    int method2(int j);
}
```

下列类中，实现了上述接口且不是抽象类的是（　　）。

A．class B implement A{

　　int method1( ) { }

　　int method2( ) { }

　　}

B．class B {

　　int method1(int i) { }

　　int method2( ) {int j }

　　}

C．class B implement A {

　　int method1(int i) { }

　　int method2(int j) { }

　　}

D．class B extends A {

　　int method1(int i) { }

　　int method2(int j) { }

　　}

6．包的定义格式是（　　　）。

A．package 包名 . 类名　　　　　　　B．final 包名

C．implement 包名　　　　　　　　　D．package 包名 .*

7．在 Java 语言中，抽象用关键字 _____ 表示。

8．抽象方法所在的类一定是 _____。

9．抽象方法只有方法头，没有 _____。

10．在 Java 语言中，只有单重继承，而要实现类的多重继承，需要该类继承 _____ 来实现。

11．在 Java 语言中，接口内能定义常量和 _____。

12．在 Java 语言中，接口中的抽象方法的权限都是 _____。

13．在 Java 语言中，定义包用关键字 _____。

14．在 Java 语言中，要想引入包，则需用关键字 _____。

实训题

1．编程实现本章中案例 4-1 的功能，并运行测试。

2．编程实现抽象类犬科 Canidae 类，内有一个嚎叫的抽象方法 howl()，其子类分别为狗类 Dog 和狼类 Wolf，在子类中实现 howl() 方法，并测试运行。

3．编程实现本章中的任务 1 的功能，并运行测试。

4．编程实现本章中的任务 2 的功能，并运行测试。

5．按以下要求编写程序。

（1）定义一个接口 Calculate，在其中声明一个抽象方法 calcu() 用于计算图形面积。

（2）定义一个三角形（Triangle）类，描述三角形的底边及高，并实现 Calculate 接口。

（3）定义一个圆形（Circle）类，描述圆半径，并实现 Calculate 接口。

（4）定义一个圆锥（Taper）类，描述圆锥的底和高（底是一个圆对象），计算圆锥的体积（公式：底面积 × 高 /3）。

（5）定义一个应用程序测试类 Test，对以上创建的类中各成员进行调用测试。

6．自己写两个关于接口的例子，最好用来自生活中例子。

7．编程实现本章中的任务 1 的功能，要求使用包名，并运行测试。

8．编程实现本章中的任务 2 的功能，要求使用包名，并运行测试。

第 5 章　常用类

项目导读

在前面的学习中，我们已经能够使用 Java 编写自定义的类、接口等来解决一些现实问题，实际上 Java 提供了丰富的类库来供开发者使用，可以方便我们解决问题。本章包含 3 个任务。任务 1 通过学习 String 类和常用方法定义文件路径解析类（FilePath 类），该类能识别出驱动器名、文件名、扩展名等；任务 2 应用数学类（Math 类）及常用方法，实现求半径 r 对应的圆的周长、面积以及对应的球体的体积；任务 3 实现将输入的单个员工信息先分割成字符串数组，再根据员工各项数据的类型对输入的数据进行相应的转换，最后将数据存入员工对象数组中。

教学目标

● 掌握字符串的常用操作；
● 掌握数学类中提供的常用数学运算方法；
● 掌握基本类型的装箱、拆箱和类型转换；
● 掌握日期类的常用操作。

任务 1　String 类

任务描述

设计一个文件路径解析类（FilePath 类），它能够识别路径中的文件名、文件扩展名、驱动器名、当前目录名、当前目录路径、上级目录路径。

任务要求

定义一个 FilePath 类，在类中定义识别文件名、文件扩展名、驱动器名、当前目录名等的方法，并使用该类对各级目录按"\"进行分割，并用数组来存储，可以从中提取出驱动器名、文件名和各级目录名等，便于进一步分析和重新组装。

知识链接

1. String 类概述

（1）String 类继承自 Object 类，实现了 Serializable、CharSequence、Comparable<String>接口，表示 String 为可序列化、可比较的字符序列。

（2）String 类被 final 关键字修饰，是不可被继承的。

（3）String 类的内部数据结构是 char 数组，对外提供了一系列操作方法，如查找、比较、连接等。

2. String 类的特点

（1）String 类的变量是不可变字符序列。不可变指的是：一旦定义了一个 String 类的变量后，就不能在原有值的基础上进行添加、插入、删除等操作。

（2）利用 String 类中的方法对字符串进行操作会产生一个新的 String 类副本，副本与原字符串是相互独立的，对副本或原字符串的修改不会影响另外一个。

3. String 类的常用方法

（1）求字符串长度。字符串长度指字符串中包含字符的个数，例如：

```
int len=s.length();
```

（2）字符串连接。

1）字符串和其他数据类型可以直接用"+"号连接，例如：

```
s=" 计算结果是 " + sum;
```

2）在算术运算的"+"和连接符号"+"同时存在时，要注意运算顺序，如：

```
s=" 总和是 "+(3+2);                        //s 为"总和是 5"
s=" 总和是 "+3+2;                          //s 为"总和是 32"
```

（3）截取单个字符。charAt 方法返回 index 位置对应的单个字符，index 的取值是 0 到 length()-1，方法定义如下：

```
public char charAt(int index)
```

（4）截取子串。方法定义如下：

```
public String substring(int beginIndex,int endIndex)
```

该方法返回一个新字符串，这个新字符串是调用 substring() 的字符串（父串）的一个子字符串。该子字符串包含源字符串中从指定的 beginIndex 处开始，到 endIndex - 1 处的字符。因此，该子字符串的长度为 endIndex-beginIndex。

也可以这样理解 endIndex 参数：endIndex = beginIndex + length，即开始位置加截取长度等于 endIndex。如从源字符串 s 下标为 3 的字符开始，截取长度为 5 的字符，代码如下：

```
s1=s.substring(3,3+5);
```

（5）字符串比较。

1）equals 方法用于字符串内容的比较，方法定义如下：

```
public boolean equals(Object anObject)
```

注意：由于是字符串的比较，这里的 Object 类型参数一般是字符串。

2）equalsIgnoreCase 方法在比较字符串时不考虑大小写，方法定义如下：

```
public boolean equalsIgnoreCase(String anotherString)
```

（6）查找子串。查找子串分为从左向右查找和从右向左查找，分别用 indexOf 和 lastIndexOf 方法实现。这两个方法都进行了重载。下面是 JDK API 文档中的方法定义和说明：

● int indexOf(int ch)

返回指定字符在此字符串中第一次出现处的索引。

● int indexOf(int ch, int fromIndex)

从指定的索引处开始搜索，返回在此字符串中第一次出现指定字符处的索引。

● int indexOf(String str)

返回指定子字符串在此字符串中第一次出现的索引。

● int indexOf(String str, int fromIndex)

从指定的索引处开始，返回指定子字符串在此字符串中第一次出现的索引。

● int lastIndexOf(int ch)

返回指定字符在此字符串中最后一次出现的索引。

● int lastIndexOf(int ch, int fromIndex)

从指定的索引处开始进行后向搜索，返回指定字符在此字符串中最后一次出现的索引。

● int lastIndexOf(String str)

返回在此字符串中最右边出现的指定子字符串的索引。

● int lastIndexOf(String str, int fromIndex)

从指定的索引处开始向后搜索，返回在此字符串中最后一次出现的指定子字符串的索引。

（7）去两边空格。用户在输入信息时可能会无意中输入无用的空格，用 trim 方法可以将左右两边空格去掉。方法定义如下：

```
public String trim()
```

（8）替换子串。

1）在 JDK 1.4 之前的方法定义如下：

```
public String replace(char oldChar,char newChar)
```

2）从 JDK 1.4 之后支持正则表达式，方法定义如下：

```
public String replaceAll(String regex,String replacement)
```

上述代码中，第一个参数为一个规则字符串，比如 s=s.replaceAll("AA.*BB","abc") 表示：把以 AA 开头，以 BB 结尾的字符串替换为 abc。

（9）大小写转换。

1）转换为小写使用 toLowerCase() 方法。方法定义如下：

```
public String toLowerCase()
```

2）转换为大写使用 toUpperCase() 方法。方法定义如下：

```
public String toUpperCase()
```

（10）字符串分割为数组。Split 方法能根据特定的分隔符，将一个字符串分割为字符串数组。方法定义如下：

```
public String[] split(String regex)
```

其中，regex 参数描述了分隔符的形式，可以为正则表达式。例如，要将一个字符串以逗号为标志进行分割，代码如下：

```
String str="aaa,bbb,ccc";
String[] arr=str.split(",");                    // 将字符串 str 分割为 3 个元素存入 arr 数组中
```

案例 5-1 字符串内容解析。

```
public class Test {
    public static void main(String[] args) {
        String str="server=127.0.0.1;user=sa;password=123456";
        String server,user,password;
        String[] arr;
        arr=str.split(";");                      // 用 ";" 分割字符串
        server=arr[0];                           // 内容为 "server=127.0.0.1"
        server=server.substring(server.indexOf("=")+1, server.length());        // 取出服务器地址
        user=arr[1];                             // 内容为 "user=sa"
        user=user.substring(user.indexOf("=")+1, user.length());                // 取出用户名
        password=arr[2];                         // 内容为 "password=123456"
        password=password.substring(password.indexOf("=")+1, password.length());  // 取出密码
        System.out.println(" 服务器地址："+server+"，用户名："+user+"，密码："+password);
    }
}
```

案例 5-1 的实现

4. StringBuffer 类

StringBuffer 类与 String 类类似，也用来存储和处理字符串，但是 StringBuffer 的内部实现方式和 String 不同。StringBuffer 对象在进行字符串处理时，不生成新的对象，对内存的占用比 String 对象少。实际使用时，如果经常对一个字符串内容进行修改（如插入、删除等），使用 StringBuffer 效率更高。StringBuffer 是线程安全的，可以在多线程程序中使用。

下面介绍 StringBuffer 类对象的创建和操作方法。

（1）StringBuffer 对象的创建。StringBuffer 对象使用构造方法来创建，例如：

```
StringBuffer s = new StringBuffer();
```

这样创建的 StringBuffer 对象不包含任何内容。若需要创建带有内容的 StringBuffer 对象，可以给构造方法传递一个参数，例如：

```
StringBuffer s = new StringBuffer("hello");
```

这样创建的 StringBuffer 对象的内容是"hello"。

（2）StringBuffer 对象和 String 对象的相互转换。构造 StringBuffer 对象时，给构造方法传递字符串作为参数，可以将 String 对象转换为 StringBuffer 对象；调用 StringBuffer 的 toString 方法，可以将 StringBuffer 对象转换为 String 对象。

```
String s1="abc";
StringBuffer sb = new StringBuffer(s1);        //String 转换为 StringBuffer
String s2=sb. toString();                       // StringBuffer 转换为 String
```

（3）StringBuffer 的常用方法。

1）append 方法。append 方法可以在现有字符串的末尾添加内容，这是一个多次重载的方法。方法定义如下：

```
public StringBuffer append(char c)                            // 在末尾添加一个字符
public StringBuffer append(char[] str)                        // 在末尾添加字符数组中的所有字符
public StringBuffer append(char[] str, int offset, int len)   // 在末尾添加字符数组中的一部分，该部分在
                                                                 数组中的起始位置是 offset，长度是 len
public StringBuffer append(CharSequence s)                    // 在末尾添加字符串
StringBuffer append(CharSequence s, int start, int end)       // 在末尾添加字符串的一部分，该部分在数组
                                                                 中的起始位置是 start，结束位置是 end
```

除此之外，还可以把 boolean、int、long 、float、double 类型的变量添加到字符串的末尾，详见 JDK 帮助文档。

2）deleteCharAt 方法。该方法删除指定位置的字符,然后将剩余内容形成新的字符串。方法定义如下：

```
public StringBuffer deleteCharAt(int index)
```

3）delete 方法。该方法删除指定区间以内的所有字符，包含 start 处的字符，不包含 end 处的字符。方法定义如下：

```
public StringBuffer delete(int start,int end)
```

4）insert 方法。insert 方法在 StringBuffer 对象中插入内容，然后形成新的字符串。这是一个多次重载的方法。方法定义如下：

```
public StringBuffer insert(int offset, char c)
public StringBuffer insert(int offset, char[] str)
public StringBuffer insert(int index, char[] str, int offset, int len)
public StringBuffer insert(int dstOffset, CharSequence s)
public StringBuffer insert(int dstOffset, CharSequence s, int start, int end)
```

以上方法的参数和 append 类似，其中的 offset 或 dstOffset 参数代表插入内容的位置。

5）reverse 方法。该方法将 StringBuffer 对象中的内容反转，形成新的字符串。方法定义如下：

```
public StringBuffer reverse()
```

实现方法

1. 分析题目

文件路径解析类（FilePath 类）要实现的功能包括：

- 识别出驱动器名、文件名、文件扩展名。
- 获得当前目录的名称、路径及上级目录的路径。

该类对各级目录按"\"进行分割，并用数组来存储，可以从中提取驱动器名、文件名、文件扩展名和各级目录名等，便于进一步分析和重新组合。

2. 实施步骤

通过分析，编写以下代码实现功能。

（1）编写 FilePath 类。

任务 5-1 的实现

```
package cn.cqvie.chapter05.project1;
class FilePath {
    private String fullPath;                        // 文件的完整路径
    private String[] arr;                           // 存放各级目录的数组
    public String getFullPath() {
        return fullPath;
    }
    public FilePath(String path) {
        this.fullPath = path;
        arr=path.split("\\\\");                     // 用"\\"将路径进行分割
    }
    public String getFileName(){                    // 获取文件名
        return arr[arr.length-1];                   // 分割后的最后一项
    }
    public String getFileExt(){                     // 获取文件扩展名
        String fileName=arr[arr.length-1];
        return fileName.substring(fileName.lastIndexOf("."),fileName.length());  // 分割后的最后一项
    }
    public String getPath(){                        // 获取所在目录路径
        StringBuffer sb=new StringBuffer();
```

```
        for(int i=0;i<arr.length-1;i++)
            sb.append(arr[i]+"\\");
        return sb.toString();
    }
    public String getParentPath(){                  // 获取上级目录路径
        if(arr.length<=2) return null;
        StringBuffer sb=new StringBuffer();
        for(int i=0;i<arr.length-2;i++)
            sb.append(arr[i]+"\\");
        return sb.toString();
    }
    public String getDriver() {                      // 获取驱动器名
        return arr[0];
    }
    public String getFolderName()                    // 获取当前文件夹名称
    {
        if(arr.length<=2) return null;
        return arr[arr.length-2];
    }
}
```

（2）编写测试类 Test。

```
public class Test {
    public static void main(String[] args) {
        FilePath filePath=new FilePath("C:\\myjava\\HelloWorld.java");
        System.out.println(" 完整路径 :"+filePath.getFullPath());
        System.out.println(" 文件名 :"+filePath.getFileName());
        System.out.println(" 扩展名 :"+filePath.getFileExt());
        System.out.println(" 驱动器 :"+filePath.getDriver());
        System.out.println(" 当前目录名 :"+filePath.getFolderName());
        System.out.println(" 当前目录的路径 :"+filePath.getPath());
        System.out.println(" 上级目录的路径 :"+filePath.getParentPath());
    }
}
```

（3）调试运行，显示结果。该程序的运行结果如图 5-1 所示。

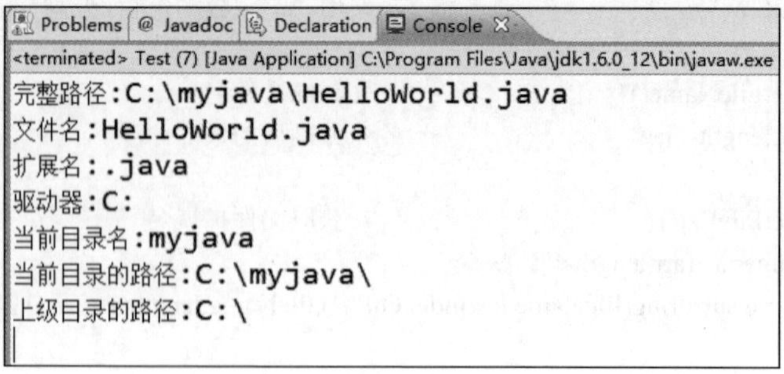

图 5-1　文件路径解析

任务 2　Math 类

任务描述

编写求半径为 2.5 的圆形的周长、面积及对应的球体的体积。

任务要求

使用 Math 类提供的 PI 和相应方法进行计算。

知识链接

1. Math 类概述

Math 类是 java.lang 包下的一个 final 类，提供了进行指数、对数、平方根、三角函数等基本数学运算的静态方法，以及一些数学常量。Math 类中只有一个私有构造方法，因此无法获得 Math 类的实例，只能通过类名调用其中包含的公有静态常量和方法。

2. Math 类中的常量

（1）Math.PI：圆周率，值为 3.141592653589793。

（2）Math.E：自然对数的底数，值为 2.718281828459045。

3. Math 类中的常用方法

（1）Math.abs：求绝对值（参数可以是 int、long、float、double）。

（2）Math.sin：正弦函数。

（3）Math.asin：反正弦函数。

（4）Math.cos：余弦函数。

（5）Math.acos：反余弦函数。

（6）Math.tan：正切函数。

（7）Math.atan：反正切函数。

（8）Math.toDegrees：弧度转化为角度。

（9）Math.toRadians：角度转化为弧度。

（10）Math.ceil：得到不小于某数的最大整数。

（11）Math.floor：得到不大于某数的最大整数。

（12）Math.sqrt：开平方。

（13）Math.pow：求某数的任意次方。

（14）Math.exp：求 e 的任意次方。

（15）Math.log10：以 10 为底的对数。

（16）Math.log：自然对数。

（17）Math.rint：求最接近某数的整数（可能比某数大，也可能比它小），返回 double 型。

（18）Math.round：求最接近某数的整数（可能比某数大，也可能比它小），返回 int 或 long 型。

（19）Math.random：返回范围为 [0,1) 的一个随机数。

实现方法

1. 分析题目

使用 Math 类提供的 PI 常量和相关方法完成本任务。

（1）定义一个半径 r=2.5。

（2）根据公式 c=2πr 求圆的周长。

（3）根据公式 s=πr² 求圆的面积。

（4）根据公式 $v=\pi\frac{4}{3}r^3$ 求对应圆球的体积。

任务 5-2 的实现

2. 实施步骤

（1）编写代码。

```
package cn.cqvie.chapter05.project2;
public class Test {
    public static void main(String[] args) {
        double r=2.5;
        double c,s,v;                       //c 表示周长，s 表示面积，v 表示对应圆球的体积
        c=2*Math.PI*r;
        s=Math.PI*Math.pow(r, 2);
        v=4.0/3*Math.PI*Math.pow(r, 3);
        System.out.println(" 圆的周长 c="+c);
        System.out.println(" 圆的面积 c="+s);
        System.out.println(" 圆球的体积 c="+v);
    }
}
```

（2）运行程序，查看结果。运行该程序，结果如图 5-2 所示。

```
<terminated> CircleTest [Java Application] D:\Program Files\Java\jdk1.8.0_141\bin\javaw.exe (2020
圆的周长c=15.707963267948966
圆的面积c=19.634954084936208
圆球的体积c=65.44984694978736
```

图 5-2 任务 2 的程序运行结果

任务 3 数据类型转换

任务描述

从键盘输入员工的信息，将其存储到员工对象中。

任务要求

员工的信息包括编号、姓名、出生日期、基本工资。从键盘输入信息时，各项之间用逗号隔开，输入完一个员工的信息后，提示是否继续输入下一个员工的数据，输入 y 继续，输入其他内容则结束。

知识链接

1. 基本类型封装类

Java 中的基本数据类型包括 boolean、byte、char、short、int、long、float、double，这些类型的封装类分别为 Boolean、Byte、Character、Short、Integer、Long、Float、Double。

提供这些封装类的原因如下：

（1）基本类型只能按值传递，而封装为对象后，可以按引用传递。

（2）在一些应用框架中，必须用对象作为参数，而不能用基本类型作为参数。

（3）基本类型封装为对象后，可以拥有一些方法来处理数据，如进行数据类型转换、数据格式化等操作。

2. 基本类型和封装类之间的相互转换

基本类型变量转换为封装类对象（装箱）：将基本类型变量的值传入构造函数，生成封装类的对象。

封装类对象转换为基本类型变量（拆箱）：利用封装类提供的 xxxValue() 方法获得基本类型变量。

案例 5-2　基本类型变量与封装类对象的相互转换。

```
package cn.cqvie.chapter05.exam2;
public class Test {
    public static void main(String args[]) {
        int i = 100;
        // 将 int 变量转换为 Integer 对象
        Integer iObj = new Integer(i);
        // 将 Integer 对象转换为 int 变量
        int i2 = iObj.intValue();
        System.out.println(iObj);
        System.out.println(i2);
    }
}
```

3. 字符串转换为基本类型封装类对象

用封装类的静态方法 parse××× 来实现将字符串转换为基本类型的封装类对象，如果转换失败，会抛出 NumberFormatException 异常。

案例 5-3　字符串转换为基本类型封装类对象。

```
package cn.cqvie.chapter05.exam3;
```

```java
public class Test{
    public static void main(String args[]) {
        String s1="100";
        Integer iObj= Integer.parseInt(s1);        // 字符串转换为 Integer 对象
        int i=iObj.intValue();                      //Integer 对象转换为基本类型变量
        String s2="1.25";
        Float fObj=Float.parseFloat(s2);            // 字符串转换为 Float 对象
        float f=fObj.floatValue();                  //Float 对象转换为基本类型变量
        System.out.println(i);
        System.out.println(f);
    }
}
```

4. 基本类型数据格式化

基本类型的格式化是指将基本类型变量转换为某种格式的字符串，使输出结果美观、标准。方法如下所述。

（1）使用 DecimalFormat 对数值进行格式化。DecimalFormat 类为我们提供了格式化整数和浮点数的方法。使用时，先创建 DecimalFormat 对象，再调用 applyPattern 方法设置格式化模板，最后调用 format 方法获得格式化后的字符串。

案例 5-4　用 DecimalFormat 格式化数值。

```java
package cn.cqvie.chapter05.exam4;
import java.text.*;                               //DecimalFormat 属于 java.text 包
public class Test {
    public static void main(String args[]) {
        DecimalFormat df=new DecimalFormat();
        df.applyPattern("0000.00");                // 每个 0 表示一位数字，该位缺失补 0
        System.out.println(df.format(123.456));    // 输出 "0123.46"
        System.out.println(df.format(12345.6));    // 输出 "12345.60"
        df.applyPattern("####.##");                // 每个 # 表示一位数字，该位缺失就不显示
        System.out.println(df.format(123.456));    // 输出 "123.46"
        System.out.println(df.format(12345.6));    // 输出 "12345.6"
        df.applyPattern("0,000.00");               // 千分位分隔符
        System.out.println(df.format(12345.6));    // 输出 "12,345.60"
        df.applyPattern("0.00E0");                 // 科学计数法
        System.out.println(df.format(12345.6));    // 输出 "1.23E4"
        df.applyPattern("0.00%");                  // 百分比
        System.out.println(df.format(1.2345));     // 输出 "123.45%"
    }
}
```

（2）使用 String.Format 对数值进行格式化。String 类中有静态方法 format(String format, Object…args)，该方法可以将各类数据按照指定的格式以字符串形式输出。该方法与 C 语言中的 printf 函数用法相似，其中，format 参数指定了输出的格式，类型为 String 字符串类型；而 args 则是一系列需要被格式化的对象，类型为 Object 可变参数类型。

1）对整数进行格式化的格式字符串定义如下：

%[index$][标识][最小宽度] 转换方式

格式字符串由 4 部分组成，其中：

- %[index$]：将第 index 个参数进行格式化，index 从 1 开始。
- [标识]：
  - '-' 在最小宽度内左对齐，不可以与"用 0 填充"同时使用。
  - '#' 只适用于八进制和十六进制，八进制时在结果前面增加一个 0，十六进制时在结果前面增加 0x。
  - '+' 表示结果总是包括一个符号（一般情况下只适用于十进制，对象为 BigInteger 才可以用于八进制和十六进制）。
  - ' ' 表示正值前加空格，负值前加负号（一般情况下只适用于十进制，对象为 BigInteger 才可以用于八进制和十六进制）。
  - '0' 表示结果将用零来填充。
  - ',' 只适用于十进制，每 3 位数字之间用","分隔。
  - '(' 表示若参数是负数，则结果中不添加负号而是用圆括号把数字括起来（限制条件同 '+'）。
- [最小宽度]：最终该整数转化的字符串最少包含多少位。
- 转换方式：
  - d 表示十进制。
  - o 表示八进制。
  - x 或 X 表示十六进制。

2）对浮点数进行格式化的格式字符串定义如下：

%[index$][标识][最少宽度][. 精度] 转换方式

浮点数的格式化多了一个"精度"选项，其可以控制小数点后面的位数。浮点数的转换方式包括：

- 'e' 或 'E' 表示结果被格式化为用科学记数法表示的十进制数。
- 'f' 表示结果被格式化为十进制普通表示方式。
- 'g' 或 'G' 表示根据具体情况，自动选择用普通表示方式还是用科学计数法方式。
- 'a' 或 'A' 表示结果被格式化为带有效位数和指数的十六进制浮点数。

案例 5-5 是用 String.Format 格式化整数和浮点数的例子。

案例 5-5　用 String.Format 格式化数值。

```java
package cn.cqvie.chapter05.exam5;
public class Test {
  public static void main(String args[]) {
    System.out.println(String.format("%1$,09d", -1234));
    System.out.println(String.format("%1$9d", -1234));
    System.out.println(String.format("%1$-9d", -1234));
    System.out.println(String.format("%1$(9d", -1234));
    System.out.println(String.format("%1$#9x", 1234));
```

```
        System.out.println(String.format("%1$.2f", 12.345));
        System.out.println(String.format("%1$9.2f", 12.345));
    }
}
```

程序运行结果如图 5-3 所示。

```
Problems  @ Javadoc  Declaration  Console ✖
<terminated> Test (8) [Java Application] C:\Program Files\Java\jdk1.6.0_12\bin\javaw.exe
-0001,234
      -1234
-1234
    (1234)
      0x4d2
12.35
      12.35
```

图 5-3   用 String.Format 格式化数值

🗩 实现方法

任务 5-3 的实现

1. 分析题目

分析任务要求，通过下述方法完成本任务。

将输入的单个员工信息先分割成字符串数组；再根据员工信息中各项数据的类型进行相应转换；最后将数据存入员工对象数组中。

2. 实施步骤

（1）创建员工类 Employee。

```java
package cn.cqvie.chapter05.project3;
import java.util.*;
public class Employee{
    private String name;                        // 姓名
    private float salary;                       // 基本工资
    private Date birthday;                      // 出生日期
    public String getName() {
        return name;
    }
    public void setName(String name) {
        this.name = name;
    }
    public float getSalary() {
        return salary;
    }
    public void setSalary(float salary) {
        this.salary = salary;
    }
```

```java
    public Date getBirthday() {
        return birthday;
    }
    public void setBirthday(Date birthday) {
        this.birthday = birthday;
    }
}
```

（2）创建测试类 Test。

```java
import java.util.*;
import java.text.SimpleDateFormat;
public class Test {
    public static void main(String[] args) throws Exception{
        Employee[] emps=new Employee[50];      // 最多存放 50 个员工对象
        int count=0;                           // 实际存放的员工数量
        String s;
        System.out.println(" 请输入员工信息（姓名，出生日期，工资）");
        Scanner in = new Scanner(System.in);
        s = in.nextLine();
        while(!s.equals("")){                  // 不输入内容，直接回车结束
            String[] sa=s.split(",");
            Employee emp=new Employee();
            emp.setName(sa[0]);                // 设置员工姓名
            SimpleDateFormat df=new SimpleDateFormat("yyyy-MM-dd");
            emp.setBirthday(df.parse(sa[1]));  // 设置员工出生日期
            emp.setSalary(Float.parseFloat(sa[2]));  // 设置员工工资
            emps[count++]=emp;                 // 存入数组中
            System.out.print(" 继续输入员工信息吗？ (y/n)");
            String result=in.nextLine();       // 获取回答内容
            if(result.equals("y"))             // 回答 y
                s = in.nextLine();             // 继续输入
            else break;
        }

        System.out.println(" 输出的员工信息：");
        for(int i=0;i<count;i++){
            System.out.print(" 姓名： "+emps[i].getName()+"， ");
            SimpleDateFormat df=new SimpleDateFormat("yyyy-MM-dd");
            System.out.print(" 出生日期： "+df.format(emps[i].getBirthday())+"， ");
            System.out.println(" 工资： "+emps[i].getSalary());
        }
    }
}
```

（3）运行程序，查看结果。程序运行结果如图 5-4 所示。

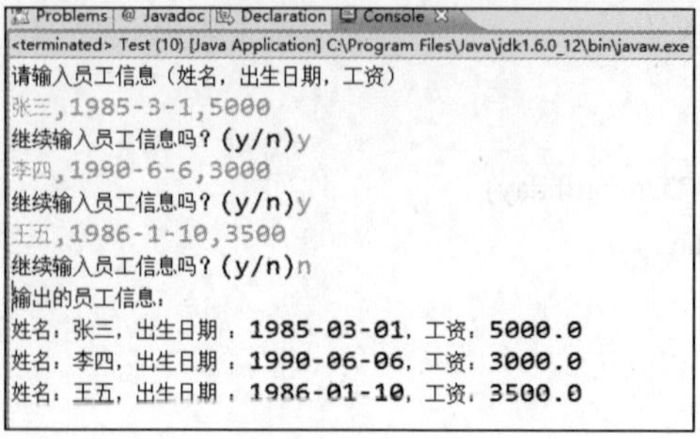

图 5-4　任务 3 的程序运行结果

思考与练习

理论题

1．判断两个字符串相等的方法是（　　　）。

　　A．=　　　　　　　B．==　　　　　　　　C．equals 方法　　　D．compare 方法

2．关于截取子串函数 substring(beginIndex,endIndex)，下面说法正确的是（　　　）。

　　A．截取子串的第一个字符位置是 beginIdex，最后一个字符位置是 endIndex

　　B．第一个字符位置是 1

　　C．截取子串的长度为 endIndex-beginIndex

　　D．截取子串的长度为 endIndex-beginIndex+1

3．在字符串中查找某个关键字最后一次出现的位置，用方法（　　　）。

　　A．find　　　　　　B．search　　　　　　C．indexOf　　　　　D．lastIndexOf

4．定义字符串"String str="abcdefg";"，则 str.indexOf（'d'）的结果是（　　　）。

　　A．'d'　　　　　　　B．true　　　　　　　C．3　　　　　　　　D．4

5．下面程序段输出的结果是（　　　）。

```
String s="ABCD";
s.concat("E"); s.replace("C","F");
System.out.println(s);
```

　　A．ABCDEF　　　B．ABFDE　　　　　C．ABCDE　　　　　　D．ABCD

6．要产生范围为 [20,999] 的随机整数，使用哪个表达式？（　　　）

　　A．(int)(20+Math.random()*979)　　　　B．20+(int)(Math.random()*980)

　　C．(int)(Math.random()*999)　　　　　　D．20+(int)Math.random()*980

7．下列程序的运行结果为（　　　）。

```
public static void main(String args[]) {
    int i;
    float f = 2.3f;
    double d = 2.7;
```

```
    i = (int)Math.ceil(f) * (int)Math.round(d);
    System.out.println(i);
}
```
    A．4　　　　　　B．5　　　　　　C．6　　　　　　D．9

8．如果 method(-3.3) == -3 成立，则 mothod 为 Math 类中的哪个方法？（　　　）
    A．round　　　　B．floor　　　　C．min　　　　D．ceil

9．下列关于 Math.random() 方法的描述中，正确的是（　　）。
    A．返回一个不确定的整数
    B．返回 0 或是 1
    C．返回一个随机的 double 类型数，该数大于等于 0.0 小于 1.0
    D．返回一个随机的 float 类型数，该数大于等于 0.0 小于 1.0

10．下列方法不属于 Math 类的是（　　）。
    A．rint　　　　B．abs　　　　C．drawLine　　　　D．sin

11．将字符串转换为 float 变量，下列方法正确的是（　　）。
    A．toFloat　　　B．convertFloat　　　C．parseFloat　　　D．Float

12．关于 Calendar 类，下列说法错误的是（　　）。
    A．Calendar 类是抽象类
    B．可以用 new Calendar() 产生对象
    C．可以用 Calendar.getInstance() 产生对象
    D．Calendar 提供了对日期进行加减的方法

13．用 DecimalFormat 格式化数值 123.5，保留两位小数，下面错误的格式字符串是（　　）。
    A．000.00　　　B．0.00　　　C．#.00　　　D．0.##

14．下面语句序列输出的结果是_____。
```
String s=new String("java program! ");
System.out.println(s.substring(5,8));
```

15．如有以下赋值语句：
```
s=new StringBuffer().append("ab").append(6).append("c");
```
则 s 的类型是_____，它的值是_____。

16．下面的程序统计以"st"开头的字符串有多少个，完成空格处的程序。
```
public class test{
    public static void main(String args[]) {
        String str[]={"string","starting","strong","street","soft"};
        int cont=0;
        for(int i=0;i<_____;i++)
            if(str[i]._____)
                _____;
        System.out.println(cont);
    }
}
```

17．Math 类用 _____ 修饰，因此不能有子类。

18．用 Math.Random 产生 [m,n] 范围的随机整数，表达式是 _____。

19．Math.round(-9.5) 等于 _____。

20．已知两点的坐标分别为 (x1,y1) 和 (x2,y2)，则两点间的距离是 _____。

21．用 SimpleDateFormat 将日期"2015-10-5"格式化为"2015 年 10 月 05 日"，格式字符串为 _____。

22．基本类型 double 的封装类是 _____。

23．调用 Date 对象的 getTime 方法能获得 _____。

24．用 Calendar 类的 _____ 方法可将 Date 对象转换为 Calendar 对象。

25．Calendar.DAY_OF_WEEK 表示 _____，Calendar.DAY_OF_MONTH 表示 _____。

实训题

1．编程实现统计一个字符串中字母 s 出现的次数。

2．编程实现将字符串中每个单词的首字母变成大写。

3．编程实现从 0 ～ 9 中随机取出 5 个数字，要求取出的数字不重复。

4．编程实现输入三角形三边长度，用海伦公式计算三角形面积。

5．编写一个程序，实现输入年、月（用逗号隔开），输出该年该月的月历。

6．编程实现输入多名学生的姓名和成绩，将输入信息存入对象数组中，并按成绩从高到低排序后输出信息。

第 6 章　集合

项目导读

Java 中设计了集合框架（Java Collections Framework，JCF）。JCF 中关键的接口有 3 个：List、Set 和 Map，这是我们本章要重点学习的 3 个接口。本章包含两个任务，任务 1 设计一个程序，该程序具有扑克牌游戏"斗地主"的随机发牌功能，并可输出发牌结果；任务 2 设计一个能给若干候选人投票并输出每个候选人的得票数的程序。

教学目标

● 了解 Java 集合框架的构成；
● 掌握实现 List 接口的相关类的用法；
● 掌握泛型的用法；
● 掌握用 Iterator（迭代器）接口遍历集合的方法；
● 掌握 Set 接口和 Map 接口的用法；
● 掌握用 Collections 类处理集合问题的方法。

任务 1　List 接口

任务描述

设计一个程序,该程序具有扑克牌游戏"斗地主"的随机发牌功能,输出发牌结果（以扑克牌大小、花色为序）。

任务要求

"斗地主"游戏发牌程序主要实现以下功能：

（1）用一个类表示一张扑克牌。

（2）用一个列表 cards 来存储所有的牌，再用三个列表分别存放各个玩家的牌，并用一个列表 p_cards 来统一管理 3 个玩家的扑克牌列表。

（3）发牌时，首先将 cards 中的元素顺序打乱（洗牌），再依次将最上面的牌取出，添加到各个玩家的扑克牌列表中，最后将每个玩家的扑克牌列表进行排序。

（4）将 3 个玩家的牌和底牌输出。

知识链接

1. 集合概述

集合是具有共同性质的一类元素构成的一个整体。Java 中设计了集合框架（Java Collections Framework，JCF），对与集合相关的一些数据结构和算法进行封装。JCF 的内容如图 6-1 所示。

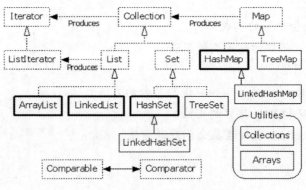

图 6-1　简化的集合框架图

在图 6-1 中：

（1）与 Map 相似的虚线框表示接口。

（2）与 TreeMap 相似的浅实线框表示实现类。

（3）与 ArrayList 相似的粗实线框表示需要重点掌握的实现类。

（4）与 ↑ 相似的实线条表示类与类之间的继承关系。

（5）与 ⇡ 相似的虚线条表示与接口相关的继承关系（接口之间）或实现关系（类与接口之间）。

JCF 中关键的接口有 3 个：List、Set 和 Map。它们的特点如下：

- List 接口继承自 Collection，里面的元素可以重复，元素有先后顺序。
- Set 接口继承自 Collection，里面的元素不能重复，元素无先后顺序。
- Map 接口是"键 - 值"对的集合，关键字不能重复，元素无先后顺序。

2. List 接口提供的方法

List 接口提供了对线性列表进行操作的一系列方法，如：添加、删除集合元素；获取、搜索集合元素等。常用的方法如下：

（1）boolean add(Object element)：将指定的元素 element 添加到此列表的末尾。

（2）void add(int index, Object element)：将指定的元素 element 插入此列表中的 index 位置上。

（3）boolean addAll(Collection c)：将集合 c 中的所有元素添加到此列表末尾（添加的顺序为集合 c 中的元素的遍历顺序）。

（4）boolean addAll(int index, Collection c)：将集合 c 中的所有元素插入到此列表中的 index 位置上（插入的顺序为集合 c 中的元素的遍历顺序）。

（5）Object remove(int index)：移除此列表中 index 位置上的元素。

（6）boolean remove(Object element)：从列表中移除指定元素 element。

（7）boolean removeAll(Collection c)：从列表中移除指定集合 c 中包含的所有元素。

（8）boolean retainAll(Collection c)：仅在列表中保留指定集合 c 中所包含的元素。

（9）void clear()：移除列表中的所有元素。

（10）boolean isEmpty()：测试列表是否为空。

（11）int size()：返回列表中的元素个数。

（12）Object get(int index)：返回列表中 index 位置上的元素。

（13）Object set(int index, Object element)：用元素 element 替代列表中 index 位置上的元素。

（14）boolean contains(Object elem)：如果列表中包含指定的元素，则返回 true。

（15）int indexOf(Object element)：搜索元素 element 第一次出现的位置，如果列表中不包含此元素，则返回 -1。

（16）int lastIndexOf(Object element)：搜索元素 element 最后一次出现的位置，如果列表中不包含此元素，则返回 -1。

（17）List subList(int fromIndex, int toIndex)：返回列表中 fromIndex（包括）和 toIndex（不包括）之间的元素集合。

（18）Object[] toArray()：返回包含列表中的所有元素的数组。

3. ArrayList 和 LinkedList

List 接口有 ArrayList 和 LinkedList 两种实现，实际应用时可根据需要进行选择。

（1）ArrayList。

1）ArrayList 适合元素添加、删除操作不频繁的情况，支持元素的随机访问。

2）ArrayList 的构造方法如下：

● ArrayList() 构造一个初始容量为 10 的空列表。

● ArrayList(Collection c) 构造一个包含指定集合 c 的元素的列表。

● ArrayList(int initialCapacity) 构造一个具有指定初始容量的空列表。

（2）LinkedList。

1）LinkedList 适合元素添加、删除操作频繁，但顺序地访问列表元素的情况。

2）LinkedList 的构造方法如下：

● LinkedList() 构造一个空列表。

● LinkedList(Collection c) 构造一个包含指定集合 c 的元素的列表。

3）除了 List 接口规定的方法，LinkedList 的实现方法还有：

● void addFirst(Object element) 将给定元素插入列表的开头。

● void addLast(Object element) 将给定元素追加到列表的结尾。

● Object getFirst() 返回列表的第一个元素。

● Object getLast() 返回列表的最后一个元素。

● Object removeFirst() 移除并返回列表的第一个元素。

● Object removeLast() 移除并返回列表的最后一个元素。

案例 6-1 对 List 的基本功能进行测试，使读者从实践角度了解 List 的用法。

案例 6-1　List 基本功能测试。

```java
package cn.cqvie.chapter06.exam1;
import java.util.*;
public class Test {
    public static void main(String[] args) {
    List lst=new ArrayList();
        lst.add(100);
        lst.add(100.0);
        lst.add("Hello");
        lst.add(new Date());
        for(int i=0;i<lst.size();i++)                        // 遍历集合元素 {
        System.out.print(" 第 "+i+" 个元素 ---");
        Object obj=lst.get(i);                               // 获取第 i 个元素
        System.out.print(" 类型："+obj.getClass().getName()+"，");
        System.out.println(" 值："+obj.toString());
        }
    }
}
```

案例 6-1 的实现

程序运行结果如图 6-2 所示。

提醒：List 的添加方法中的参数类型为 Object，意味着可以存放任意对象，体现了 List 这种容器的包容特性。当参数为基本类型时，它会被自动封装为对应类型的对象（如 int 类型的参数会被封装为 Integer 对象）。

```
 Problems  @ Javadoc  Declaration  Console 
<terminated> Test (11) [Java Application] C:\Program Files\Java\jdk1.6.0_12\bin\javaw.exe (2016-8-6 下午3:42:27)
第0个元素---类型: java.lang.Integer, 值: 100
第1个元素---类型: java.lang.Double, 值: 100.0
第2个元素---类型: java.lang.String, 值: Hello
第3个元素---类型: java.util.Date, 值: Sat Aug 06 15:42:27 CST 2016
```

图 6-2　List 基本功能测试程序的运行结果

4. 泛型

在 JDK1.5 版本出现之前，通过将类型定义为 Object 来实现参数类型"任意化"，在使用时，要将参数进行显式地强制类型转换，这种转换要在开发者对参数具体类型预先知晓的情况下才能进行。对于强制类型转换错误的情况，编译时不会提示错误，在运行的时候才出现异常，这将造成安全隐患。另外，将集合元素的类型定义为 Object，则任意类型的对象都可以存入集合，这将不便于对集合元素进行归类。

泛型是 JDK 1.5 及后续版本的特性。泛型的本质是数据类型参数化，即所操作的数据类型被指定为一个参数。数据类型参数化可以用在类、接口和方法的创建中，分别称为泛型类、泛型接口和泛型方法。

案例 6-2 说明泛型类的用法。

案例 6-2　泛型类的定义和使用。

案例 6-2 的实现

```java
package cn.cqvie.chapter06.exam2;
// 该类中会用到 T 类型（此时类型尚未确定）
class General<T>{
    private T obj;                              // 定义泛型成员变量
    public General(T obj) {
        this.obj = obj;
    }
    public T getObj() {
        return obj;
    }
    public void setObj(T obj) {
        this.obj = obj;
    }
    public void showType() {
        System.out.println("T 的实际类型是 : " + obj.getClass().getName());
    }
}
public class Test {
    public static void main(String[] args) {
        // 定义并创建泛型类 General 的对象，T 类型具体化为 Integer
        General<Integer> intObj = new General<Integer>(100);
        intObj.showType();
        int i = intObj.getObj();
        System.out.println("value=" + i);
        // 定义并创建泛型类 General 的对象，T 类型具体化为 String
        General<String> strObj = new General<String>("Hello!");
        strObj.showType();
```

```
        String s = strObj.getObj();
        System.out.println("value=" + s);
    }
}
```

程序运行结果如图 6-3 所示。

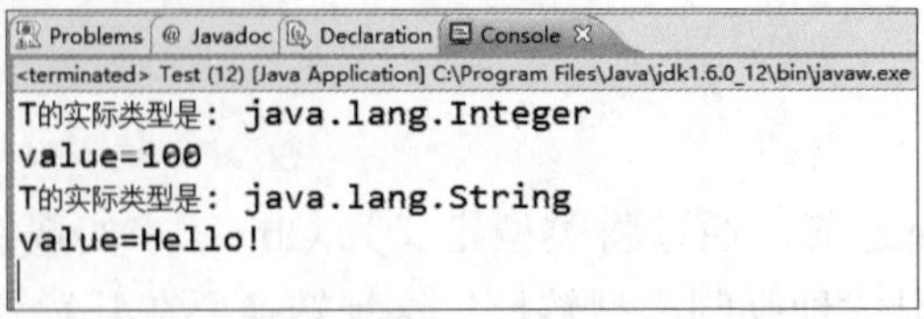

图 6-3　案例 6-2 程序的运行结果

5. 泛型通配和泛型限定

（1）泛型通配符。在引用泛型类时，无法预先知道泛型类被具体化为什么类型，所以语法上需要借助通配符来描述。

泛型通配符用"?"表示，例如，Collections 类的 reverse 方法实现列表元素逆序，该方法声明为：

```
public static void reverse(List<?> list)
```

这样的声明表示，参数可以和元素为任意类型的列表匹配，如 List<String>、List<Integer> 均可。

（2）泛型限定符。

1）extends 限定符。通配符"?"对类型未加任何限制，但在某些时候需要对类型进行限定，例如，在 JDK1.5 中，List 接口的 addAll 方法声明为：

```
boolean addAll(Collection<? extends E> c)
```

其中，"? extends E"表示具体类别必须是 E 类或 E 类的子类（派生自 E 类）。

2）super 限定符。除了 extends 限定之外，还有 super 限定，例如 Collections 类的 copy 方法实现列表的复制，方法声明为：

```
static <T> void copy(List<? super T> dest, List<? extends T> src)
```

其中，第一个参数为目标列表，其中的"? super T"表示类型必须是 T 类或 T 类的父类；第二个参数为源列表，其中"? extends T"表示具体类别必须是 T 类或 T 类的子类，这样从语法层面保证类型匹配。

6. 利用 Collections 类处理列表

Collections 类提供了一系列静态方法来对 List 的元素进行处理，常用的有复制、排序、逆序、比较、混淆、循环移动等。这些方法定义如下：

（1）复制：将所有元素从列表 src 复制到列表 dest。

```
static <T> void copy(List<? super T> dest, List<? extends T> src)
```

（2）交换元素：将位置 i 和 j 处的元素交换。

```
static void swap(List<?> list, int i, int j)
```

（3）比较：如果两个指定 collection 中没有相同的元素，则返回 true。

static boolean disjoint(Collection<?> c1, Collection<?> c2)

（4）逆序：反转指定列表中元素的顺序。

static void reverse(List<?> list)

（5）混淆：混淆列表的元素顺序。

1）使用默认随机源混淆列表的元素顺序。

static void shuffle(List<?> list)

2）使用指定随机源混淆列表的元素顺序。

static void shuffle(List<?> list, Random rnd)

（6）循环移动：根据指定的距离循环移动列表中的元素。

static void rotate(List<?> list, int distance)

（7）排序。在列表元素排序过程中需要进行元素比较，Java 采取两种方法来实现：一种方法是让集合元素自身实现 Comparable 接口；另一种方法是通过实现 Comparator 接口的第三方比较器进行比较。

1）根据元素的自然顺序，对指定列表按升序进行排序。

static <T extends Comparable<? super T>> void sort(List<T> list)

2）根据比较器 c 产生的顺序对指定列表进行排序。

static <T> void sort(List<T> list, Comparator<? super T> c)

Comparable 接口定义为：

```
public interface Comparable<T>{
// 比较当前对象和参数 o
// 根据当前对象小于、等于或大于参数 o，分别返回负数、零或正数
    int compareTo(T o);
}
```

Comparator 接口定义为：

```
public interface Comparator<T>{
    // 比较参数 o1 和 o2
    // 根据参数 o1 小于、等于或大于参数 o2，分别返回负数、零或正数
    int compare(T o1, T o2);
}
```

根据上述接口定义可知，这两个接口具有通用性，能用于任何类型对象的比较。下面通过实例来理解两种接口的用法。

案例 6-3　Comparable 和 Comparator 接口测试。

实现步骤如下：

（1）创建员工类，该类本身实现 Comparable 接口。

案例 6-3 的实现

```
package cn.cqvie.chapter06.exam3;
class Employee implements Comparable<Employee>{
public String name;
// 职称编号（1- 技术员，2- 助理工程师，3- 工程师，4- 高级工程师）
public int titleIdx;
```

```
// 学历编号（1- 小学，2- 中学，3- 专科，4- 本科，5- 研究生）
   public int degreeIdx;
   public Employee(String name, int titleIdx, int degreeIdx) {
      this.name = name;
      this.titleIdx = titleIdx;
      this.degreeIdx = degreeIdx;
   }
//Comparable 接口规定要实现的方法
   public int compareTo(Employee e) {
      // 比较当前象与指定对象 e 的顺序
      // 如果当前对象小于、等于或大于指定对象，则分别返回负数、零或正数
      return this.titleIdx-e.titleIdx;
   }
}
```

（2）创建员工类 Employee 对象的第一种比较器类 EmpTitleComparator（以职称作为比较依据）。

```
package cn.cqvie.chapter06.exam3;
import java.util.*;
class EmpTitleComparator implements Comparator<Employee>{
//Comparator 接口规定要实现的方法
public int compare(Employee e1, Employee e2) {
   // 比较当前象 e1 与指定对象 e2 的顺序
   // 如果 e1 小于、等于或大于指定 e2，则分别返回负数、零或正数
   return e1.titleIdx-e2.titleIdx;
   }
}
```

（3）创建员工类 Employee 对象的第二种比较器类 EmpDegreeComparator（以学历作为比较依据）。

```
package cn.cqvie.chapter06.exam3;
import java.util.*;
class EmpDegreeComparator implements Comparator<Employee>{
//Comparator 接口规定要实现的方法
   public int compare(Employee e1, Employee e2) {
   // 比较当前象 e1 与指定对象 e2 的顺序
   // 如果 e1 小于、等于或大于指定 e2，则分别返回负数、零或正数
      return e1.degreeIdx-e2.degreeIdx;
   }
}
```

（4）创建测试类 Test，对这三种比较进行测试。

```
package cn.cqvie.chapter06.exam3;
public class Test {
   public static void main(String[] args) {
      Employee e1=new Employee(" 张三 ",3,3);      // 职称为工程师；学历为专科
      Employee e2=new Employee(" 李四 ",2,4);      // 职称为助理工程师；学历为本科
      //1. 第一种比较
```

```
if(e1.compareTo(e2)>0)
    System.out.println(e1.name+" 的职称排在 "+e2.name+" 前面 ");
else if(e1.compareTo(e2)<0)
    System.out.println(e2.name+" 的职称排在 "+e1.name+" 前面 ");
else
    System.out.println(e2.name+" 和 "+e1.name+" 职称相同 ");
//2. 第二种比较的方式一：按职称比
EmpTitleComparator cmp1=new EmpTitleComparator();
if(cmp1.compare(e1, e2)>0)
    System.out.println(e1.name+" 的职称排在 "+e2.name+" 前面 ");
else if(cmp1.compare(e1, e2)<0)
    System.out.println(e2.name+" 的职称排在 "+e1.name+" 前面 ");
else
    System.out.println(e2.name+" 和 "+e1.name+" 职称相同 ");

//3. 第二种比较的方式二：按学历比
EmpDegreeComparator cmp2=new EmpDegreeComparator();
if(cmp2.compare(e1, e2)>0)
    System.out.println(e1.name+" 的学历排在 "+e2.name+" 前面 ");
else if(cmp2.compare(e1, e2)<0)
    System.out.println(e2.name+" 的学历排在 "+e1.name+" 前面 ");
else
    System.out.println(e2.name+" 和 "+e1.name+" 学历相同 ");
    }
}
```

程序运行结果如图 6-4 所示。

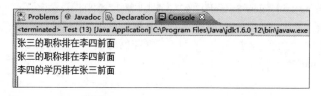

图 6-4　Comparable 和 Comparator 接口测试程序的运行结果

　　提醒：集合元素自身实现 Comparable 接口时，只能依据一种标准进行比较（案例 6-3 中只依据职称进行比较）；用实现 Comparator 接口的第三方比较器，则可以通过实现多个比较器，从多个方面进行比较（案例 6-3 中两个比较器分别对职称和学历进行比较）。

　　上述两种元素的比较方法，可以对元素为任意类型的列表进行排序。

　　Java 的 Collections 类已经定义了用来排序的 sort 方法，我们也可以调用 sort 方法实现排序。例如：

```
Collections.sort(empList,new EmpTitleComparator());
```

其中，empList 是员工列表；EmpTitleComparator 是一种比较器类（也可以写其他的比较器类）。

实现方法

1. 分析题目

通过分析任务要求，可以使用以下方法完成本任务。

（1）定义一个类 Card 表示一张扑克牌。

（2）定义一个比较器类 CardComparator，用于对两张扑克牌的大小进行比较。

（3）定义测试类 Test，对发牌功能进行测试。其中：

- 用一个列表 cards 来存储所有的牌。
- 用三个列表分别存放各个玩家的牌，可以统一用一个列表 p_cards 来统一管理 3 个玩家的扑克牌列表。
- 发牌时，首先将 cards 中的元素顺序打乱（洗牌），再依次将最上面的牌取出，添加到各个玩家的扑克牌列表中。
- 将每个玩家的扑克牌列表进行排序。
- 最后输出 3 个玩家的牌和底牌。

2. 实施步骤

（1）创建扑克类 Card。

```java
package cn.cqvie.chapter06.project1;
class Card{
    // 牌面符号表
    private static String face[]=new String[]{"J","Q","K","A","2"," 小王 "," 大王 "};
    // 花色表
    private static String suit[]=new String[]{" ◆ "," ♣ "," ♥ "," ♠ "};
    private int rank;                              // 牌的点数
    private int suitIdx;                           // 花色编号
    public int getRank() {
        return rank;
    }
    public int getSuitIdx() {
        return suitIdx;
    }
    public Card(int rank, int suitIdx) {           // 构造方法
        this.rank = rank;
        this.suitIdx = suitIdx;
    }
    public String toString(){                      // 显示输出（重载 Object 的 toString 方法）
        if(rank<=10) return suit[suitIdx]+rank;
        else if(rank<=15) return suit[suitIdx]+face[rank-11];
        else return face[rank-11];                 // 大王和小王不显示花色
    }
}
```

（2）定义扑克牌对象的比较器 CardComparator（以点数、花色作为比较依据）。

```java
package cn.cqvie.chapter06.project1;
import java.util.Comparator;
class CardComparator implements Comparator<Card>{
    //Comparator 接口规定要实现的方法
    public int compare(Card c1, Card c2) {
        if(c1.getRank()==c2.getRank())              // 点数相同时比较花色
            return c2.getSuitIdx()-c1.getSuitIdx();
        return c2.getRank()-c1.getRank();
    }
}
```

（3）创建测试类 Test。

```java
package cn.cqvie.chapter06.project1;

import java.util.ArrayList;
import java.util.Collections;
import java.util.List;

public class Test {
    public static void main(String[] args) {
        List<Card> cards=new ArrayList<Card>();
        List<List<Card>> p_cards=new ArrayList<List<Card>>();
        for(int i=0;i<3;i++)                        // 创建每个玩家的列表对象
            p_cards.add(new ArrayList<Card>());
        for(int i=3;i<=15;i++)                      //11 到 15 分别表示 J、Q、K、A、2
            for(int j=0;j<4;j++)                    //4 种花色
                cards.add(new Card(i, j));          // 添加扑克到集合中
        cards.add(new Card(16, 0));                 // 添加小王
        cards.add(new Card(17, 0));                 // 添加大王

        Collections.shuffle(cards);                 // 洗牌
        CardComparator comparator = new CardComparator();
        // 分发给 3 个玩家
        for(int i=0;i<3;i++)
        {
            for(int j=0;j<17;j++)                   // 每个玩家依次取 17 张牌
                p_cards.get(i).add(cards.remove(0));
            Collections.sort(p_cards.get(i),comparator); // 对每个玩家的牌进行排序
        }
        // 显示输出
        for(int i=0;i<3;i++)
        {
            System.out.print(" 第 "+(i+1)+" 个玩家：");
            for(int j=0;j<p_cards.get(i).size();j++)
                System.out.print(p_cards.get(i).get(j).toString()+" ");
            System.out.println();
```

```
    }
    System.out.print(" 底牌： ");
    for(int i=0;i<cards.size();i++)
        System.out.print(cards.get(i).toString()+" ");
    }
}
```

（4）调试运行，显示结果。该程序的运行结果如图 6-5 所示。

```
第1个玩家：小王 ♠2 ♥2 ♥K ♣K ♠Q ♥Q ♠J ♥10 ♥9 ♥8 ♣7 ♦7 ♥6 ♦5 ♣3 ♦3
第2个玩家：大王 ♣2 ♦2 ♠K ♦K ♣Q ♥J ♦10 ♣8 ♠8 ♠6 ♦6 ♠5 ♣5 ♣4 ♦4 ♥3
第3个玩家：♠A ♥A ♣A ♦A ♣Q ♠J ♦J ♠10 ♣10 ♠9 ♣9 ♠7 ♥7 ♣6 ♥5 ♠4 ♥4
底牌： ♦9 ♠3 ♣8
```

图 6-5　任务 1 的程序运行结果图

任务 2　Set 接口和 Map 接口

任务描述

设计一个选举得票数统计程序，输入选票上勾选的候选人姓名，统计每个候选人的得票数，并按从多到少进行排序。

任务要求

程序运行时，从键盘输入得票人编号，将该候选人票数加 1。为了能快速通过编号找到记录，将编号作为 Map 的关键字。将得票人的相关信息封装成 Vote 类，将 Vote 对象作为值。

得票数排序借助 List 来完成，调用 Map 接口的 Values 方法得到所有 Vote 对象，并添加到 List 中，借助工具类 Collections 的 sort 方法完成排序。为了配合 sort 方法，Vote 类实现 Comparable 接口。

知识链接

1. Set 接口概述

Set 接口也继承自 Collection，表示多个元素的集合，与 List 不同的是，Set 中包含的元素是无序的，并且不能重复。Set 接口定义如下：

public interface Set<E> extends Collection<E>

Set 接口提供的常用方法如下：

（1）boolean add(E o)：如果 set 中不存在指定的元素 o，则添加此元素。

（2）boolean addAll(Collection<? extends E> c):如果 Set 中不存在集合 c 中包含的元素，

则将其添加到 Set 中。

（3）void clear()：清除 Set 中的所有元素。

（4）boolean contains(Object o)：如果 Set 包含元素 o，则返回 true。

（5）boolean containsAll(Collection<?> c)：如果 Set 包含集合 c 的所有元素，则返回 true。

（6）boolean isEmpty()：如果 Set 为空（不包含元素），则返回 true。

（7）Iterator<E> iterator()：返回 Set 的迭代器，用于遍历集合。

（8）boolean remove(Object o)：如果 Set 中存在元素 o，则将其移除。

（9）boolean removeAll(Collection<?> c)：移除 Set 中那些包含在集合 c 中的元素。

（10）boolean retainAll(Collection<?> c)：仅保留 Set 中那些包含在集合 c 中的元素。

（11）int size()：返回 Set 中的元素个数。

（12）Object[] toArray()：返回包含 Set 中所有元素的数组。

2. Set 的遍历

对比 Set 和 List 的方法可以发现，Set 中没有 get、set 方法，无法通过顺序号对元素进行访问，所以遍历 List 的方法不能用于 Set。为了解决这个问题，JCF 中引入 Iterator（迭代器）接口来遍历无序集合，凡是实现了 Iterable 接口的类的对象，都可以获取到迭代器，并通过迭代器遍历集合元素。

Iterator<E> 接口提供的方法如下：

（1）boolean hasNext()：判断是否还有元素可以获取，是则返回 true。

（2）E next()：返回获取到的下一个元素。

（3）void remove()：从集合中移除迭代器获取到的最后一个元素。

案例 6-4 是关于遍历 Set 的程序。

案例 6-4 遍历 Set。

案例 6-4 的实现

```
package cn.cqvie.chapter06.exam4;

import java.util.*;
public class Test {
    public static void main(String[] args) {
        //Set 接口的具体实现是 HashSet 类
        Set<String> books=new HashSet<String>();
        books.add("C 程序设计 ");
        books.add("Java 编程基础 ");
        books.add("Java 编程基础 ");
        books.add(" 软件工程 ");
        Iterator<String> it=books.iterator();
        while(it.hasNext()) {                    // 判断是否存在下一个元素

            String book=it.next();               // 取出一个元素
            System.out.println(book);
        }
    }
}
```

上述程序的运行结果如图 6-6 所示。

```
<terminated> Test (5) [Java Application] D:\Program Files\Java\jdk1.8.0_141\bin\javaw
C程序设计
软件工程
Java编程基础
```

图 6-6   案例 6-4 程序的运行结果

提醒：Set 中的元素是无序的，所以输出元素的顺序和添加元素时的顺序可能不一样。另外，Set 中的元素不能重复，相同的项目只能添加一次。

3. Map 接口概述

Map 是键 - 值对的集合，相当于是一个只有"关键字（key）"和"值（value）"两列的表，关键字是无序的，并且不能重复。Map 接口定义如下：

```
public interface Map<K,V>
```

Map 接口提供的方法如下：

（1）V put(K key, V value)：添加一个键 - 值对到集合中，如果关键字存在，则修改对应值。

（2）V get(Object key)：获取关键字对应的值。

（3）int size()：返回该 Map 中的键 - 值对的数量。

（4）V remove(Object key)：如果存在关键字 key，则将该键 - 值对从 Map 中移除。

（5）void clear()：移除集合中所有的键 - 值对。

（7）boolean containsKey(Object key)：如果集合中包含指定的关键字，则返回 true。

（8）boolean containsValue(Object value)：如果集合中包含的指定的值，则返回 true。

（9）Set<Map.Entry<K,V>> entrySet()：返回 Map 包含的所有实体（存入 Set 中）。

（10）boolean isEmpty()：判断 Map 中是否包含键 - 值对，如未包含则返回 true。

（11）Set<K> keySet()：返回 Map 中所有关键字（存入 Set 中）。

（12）Collection<V> values()：返回 Map 中的所有值（存入 Collection 中）。

（13）void putAll(Map<? extends K,? extends V> t)：从参数指定的 Map 中将所有键 - 值对复制到当前 Map。

4. Map 的遍历

遍历 Map 的常用方法为 keySet() 和 entrySet()。

案例 6-5   遍历 Map。

```
package cn.cqvie.chapter06.exam5;
import java.util.*;
import java.util.Map.Entry;
public class Test {

    public static void main(String[] args) {

        Map<String,String> books=new HashMap<String, String>();
```

```
books.put("A001", "C 程序设计 ");
books.put("A002", "Java 编程基础 ");
books.put("A003", " 软件工程 ");
// 使用 keySet() 方法进行遍历
Set<String> bookNo=books.keySet();                    // 只包含 key 的 Set
Iterator<String> it=bookNo.iterator();
while(it.hasNext()){
    String No=it.next();
    String Name=books.get(No);
    System.out.println(No+","+Name);
}
// 使用 entrySet() 方法进行遍历
Set<Entry<String, String>> kvs=books.entrySet();      // 包含键 - 值对的 Set
Iterator<Entry<String, String>> it2=kvs.iterator();
while(it2.hasNext()){
    Entry<String, String> kv= it2.next();
    System.out.println(kv.getKey()+","+kv.getValue());
}
    }
}
```

提醒 : Map 的遍历方法是将 Map 转换为 Set，再获取 Iterator 进行遍历。可以获取只包含 key 的 Set，遍历时根据 key 得到 value ；也可以获取包含 Entry（键 - 值对）的 Set，直接进行遍历。

5. foreach 循环

Java 中的 foreach 循环本质上调用了 Iterator 接口，凡是实现了 Iterable 接口的类实例，都可以用 foreach 循环进行遍历。foreach 循环的语法格式如下 :

```
for( 元素类型 对象名称 : 集合 ){
    // 处理单个对象
}
```

下面通过例子来体验 foreach 循环的用法。

案例 6-6　用 foreach 循环遍历集合。

```
package cn.cqvie.chapter06.exam6;
import java.util.*;
import java.util.Map.Entry;

public class Test {
    public static void main(String[] args) {
        System.out.print(" 遍历数组：");
        int a[]=new int[]{1,2,3,4,5};
        for(int i : a)
            System.out.print(i);

        System.out.print("\n 遍历 List：");
```

```
List<String> list=new ArrayList<String>();
list.add("spring");
list.add("summer");
list.add("autumn");
list.add("winter");
for(String s : list)
    System.out.print(s+" ");

System.out.print("\n 遍历 Set： ");
Set<String> set=new HashSet<String>();
set.add("spring");
set.add("summer");
set.add("autumn");
set.add("winter");
for(String s : set)
    System.out.print(s+" ");

System.out.print("\n 遍历 Map： ");
Map<String,String> map=new HashMap<String, String>();
map.put("01", "spring");
map.put("02", "summer");
map.put("03", "autumn");
map.put("04", "winter");
for(Entry<String, String> kv : map.entrySet())
    System.out.print(kv.getKey()+","+kv.getValue()+" ");
    }
}
```

上述程序的运行结果如图 6-7 所示。

```
Problems @ Javadoc Declaration Console
<terminated> Test (16) [Java Application] C:\Program Files\Java\jdk1.6.0_12\bin\javaw.exe (2016
遍历数组: 12345
遍历List: spring summer autumn winter
遍历Set: winter autumn summer spring
遍历Map: 04,winter 01,spring 02,summer 03,autumn
```

图 6-7　用 foreach 循环遍历集合

　　提醒：foreach 是 Java 中的一种"语法糖"，这种语法对语言的功能没有影响，但是更方便程序员使用。foreach 循环遍历和 Iterator 遍历本质上没有区别，只是程序书写上更加简洁。

实现方法

任务 6-2 的实现

1. 分析题目

通过分析任务要求，可以使用以下方法完成本任务。

（1）定义一个候选人类 Vote。类中有两个成员变量，一个是候选人编号，一个是候选人得票数。

（2）Vote 类实现 Comparable 接口，用于排序。

（3）定义测试类 Test。具体如下：

1）用 Map 集合封装所有的 Vote 类的对象。为了能快速通过编号找到记录，将编号作为 Map 的关键字，得票人的相关信息封装成 Vote 类，将 Vote 对象作为值。

2）程序运行时，从键盘输入得票人编号，将该候选人票数加 1。

3）得票数排序借助 List 来完成；调用 Map 接口的 Values 方法得到所有 Vote 对象，并添加到 List 中；借助工具类 Collections 的 sort 方法完成排序。

2. 实施步骤

（1）定义候选人类 Vote，并实现 Comparable 接口中的方法。

```java
package cn.cqvie.chapter06.project2;

public class Vote implements Comparable<Vote>{
    public String ID;                          // 候选人编号
    public int count;                          // 候选人得票数
    public Vote(String ID, int count) {
        this.ID = ID;
        this.count = count;
    }
    public int compareTo(Vote v) {             //Comparable 接口的方法
        return v.count-this.count;
    }
}
```

（2）定义测试类 Test。

```java
package cn.cqvie.chapter06.project2;

import java.util.ArrayList;
import java.util.Collections;
import java.util.HashMap;
import java.util.List;
import java.util.Map;
import java.util.Scanner;

public class Test {
    public static void main(String[] args) {
        Map<String,Vote> votes=new HashMap<String,Vote>();
        // 初始化候选人集合
        votes.put("01", new Vote("01", 0));
        votes.put("02", new Vote("02", 0));
        votes.put("03", new Vote("03", 0));
        votes.put("04", new Vote("04", 0));
```

```
        System.out.println(" 请输入得票人编号：");
        Scanner scanner=new Scanner(System.in);
        String str;
        str = scanner.nextLine();
        while(!str.equals("over"))                      // 输入 over 则结束
        {
            if(votes.containsKey(str))                  // 输入的编号存在
                votes.get(str).count++;                 // 票数增加
            elsc
                System.out.println(" 编号不存在 ");
            str = scanner.nextLine();
        }

        List<Vote> v=new ArrayList<Vote>();
        v.addAll(votes.values());
        Collections.sort(v);                            // 排序
        for(int i=0;i<v.size();i++)
            System.out.println(v.get(i).ID+":"+v.get(i).count+" 票 ");
    }
}
```

（3）运行程序，查看结果。程序运行结果如图 6-8 所示。

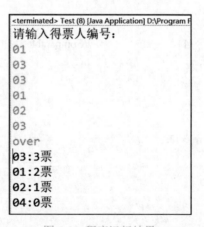

图 6-8　程序运行结果

思考与练习

理论题

1. List 中的元素是（　　）。

    A．有序且不能重复的　　　　　　　　B．有序且可以重复的

    C．无序且不能重复的　　　　　　　　D．无序且可以重复的

2. 表示泛型所使用的符号是（   ）。

    A．[]   B．{}   C．<>   D．()

3. 在声明方法时，要求列表的元素类型为 T 类或其子类，下列声明正确的是（   ）。

    A．List<T>   B．List<?>

    C．List<? super T>   D．List<? extends T>

4. 关于 Comparable 和 Comparator 接口，下列说法错误的是（   ）。

    A．可以供 Collections.sort 方法使用，用于排序中元素大小的比较

    B．一个类实现了 Camparable 接口，表明这个类的对象之间是可以相互比较的

    C．Comparator 比较固定，和一个具体类绑定，Comparable 比较灵活，它可以被各个需要比较功能的类使用

    D．Comparable 只能实现一种排序标准，Comparator 可以实现多种排序标准

5. 下列（   ）方法是 LinkedList 类有而 ArrayList 类没有的。

    A．add(Object o)   B．add(int index, Object o)

    C．remove(Object o)   D．removeLast()

6. 判断 Set 中是否存在某个元素的方法是（   ）。

    A．have   B．exists   C．contains   D．containsAll

7. 用 Iterator 循环遍历集合中的每个元素并将其移除,横线处应填入的代码是（   ）。

```
ArrayList list = new ArrayList(); list.add（"java"）;
list.add("php"); list.add(".net");
Iterator it=list.iterator();
_____
```

    A．while(it.hasNext()){ it.next(); it.remove(); }

    B．while(it.hasNext()){ it.remove(); }

    C．while(it. hasNext()){ Object obj=it.next(); list.remove(obj); }

    D．while(it.hasNext()){ list.remove(); }

8. 横线处要实现的功能是把 key 为 "Jack" 的 value 值在原有基础上增加 100，下列选项正确的是（   ）。

```
Map map=new HashMap();
map.put("Tom",123.5);
map.put("Jack",234.5);
map.put("Rose",456.3);
_____
```

    A．map.put("Jack",234.5);

    B．map.set("Jack",234.5);

    C．map.put("Jack",map.get("Jack")+100);

    D．map.set("Jack",map.get("Jack")+100);

9. Java 集合框架的四种主要接口是 Collection、_____、_____、Set。

10. Comparable 接口规定要实现的方法是 _____，Comparator 接口规定要实现的方法是 _____。

11. Collections 是一个工具类，所有方法都是 _____ 方法。

12. Java 集合框架中最主要的三个接口是 _____、_____、_____。

13. 下面的代码遍历输出 Map 中的每个元素，请补全横线处的内容。

```
Map map=new HashMap();
map.put("A",100);
map.put("B",200);
map.put("C",300);
Set<String> set =_____;
for (_____ one : set) {
    System.out.println(one.getKey() + ":" + one.getValue());
}
```

14. 下面的代码用于输出字符数组 ch 中每个字符出现的次数，请补全横线处的内容。

```
public static void main(String[] args){
    char[] ch = { 'a', 'c', 'a', 'b', 'c', 'b' };
    HashMap map = new HashMap();
    for (int i = 0; i < ch.length; i++) {
        if(_____)
            _____;
        else
            _____;
    }
    System.out.println(map);
}
```

实训题

1. 约瑟夫问题：n 只猴子要选猴王，所有的猴子按照 1,2,…n 编号围成一个圆圈，从第 1 号开始按 1,2,…m 报数，凡是报 m 的猴子退出圈外，如此循环直到圈内剩下一只猴子，这只猴子就是猴王。编写程序解决该问题，n 和 m 由键盘输入。

2. 在"斗地主"游戏发牌程序的基础上，增加随机确定一名玩家为"地主"的功能，并且将三张底牌加到"地主"的牌中，并按大小、花色排序输出。

3. 编程实现用 Map 接口管理员工集合，员工包括编号、姓名、工资这三个属性。具体实现的功能如下：

● 添加若干条员工信息。

● 列出所有员工的编号、姓名和工资。

● 删除编号为"03"的员工信息。

● 将姓名为 Tom 的员工工资改为 3000。

● 将所有工资低于 2000 的员工工资上涨 10%。

第 7 章   异常

项目导读

在 Java 程序设计中，经常遇到异常的问题，本章主要学习异常的概念和异常处理。本章包含两个任务。任务 1 学习用 if…else 语句处理异常，了解其在使用过程中存在的缺陷；任务 2 学习使用 try…catch 语句处理异常。

教学目标

- 理解异常的定义和异常的类型；
- 掌握 Java 语言中异常类的层次结构；
- 熟悉 Java 语言中的异常处理机制；
- 能对程序中可能出现的异常进行处理。

任务 1　异常概述

任务描述

用 if…else 语句处理两个整数相除过程中可能出现的异常。

任务要求

根据提示输入被除数和除数（两个整数），计算两个整数相除并输出商。

（1）如果计算过程正确，最后输出"感谢使用本程序！"。

（2）如果输入的被除数不是整数，则输出"输入的被除数不是整数，程序退出！"，退出程序。

（3）如果输入的除数不是整数，则输出"输入的除数不是整数，程序退出！"，退出程序。

（4）如果输入的除数是 0，则输出"除数不能为 0，程序退出！"，退出程序。

知识链接

1. 生活中的异常

在生活中，异常情况随时都有可能发生。

上下班异常：正常情况下，每天开车去上班需要 30 分钟。但是由于上班高峰期，异常情况可能会发生，比如严重的堵车、交通事故等，这种情况下，往往要晚一些到达单位。这种异常虽然偶尔发生，但是真的发生也是件很麻烦的事情。

做饭异常：周末在家炖汤，正常情况下，2 个小时后可以喝上汤。但是由于微信群里不断在发红包，一直想着抢红包的事情，忘了调到小火，大家可以想到这样的异常所带来的结果。

提醒：异常的英文表示是 exception。生活中有很多异常，读者可以尝试说出自己所碰到的异常情况。

2. 程序中的异常

案例 7-1　处理异常。

```
package cn.cqvie.chapter07.exam1;
import java.util.Scanner;
public class Exception1 {
    public static void main(String[] args) {
        Scanner in  = new Scanner(System.in);
        System.out.println(" 请输入被除数: ");
        int num1 = in.nextInt();
```

```
        System.out.println(" 请输入除数： ");
        int num2 = in.nextInt();
        int num3 = num1 / num2;
        System.out.println(String.format("%d /%d = %d",num1,num2,num3));
        System.out.println（"感谢使用本程序！ "）;
    }
}
```

正常情况下，用户会按照系统的提示输入。程序正常运行结果如图 7-1 所示。

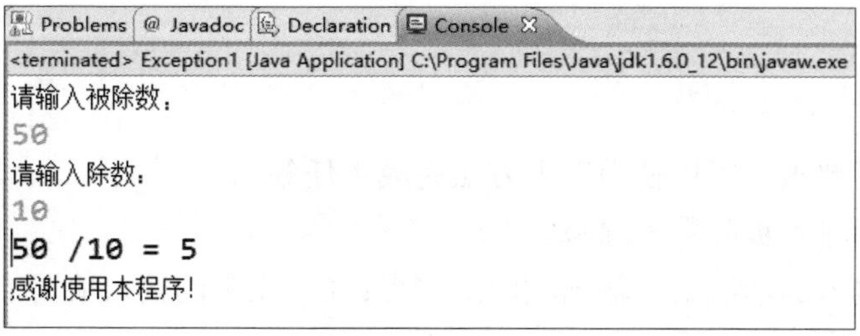

图 7-1　案例 7-1 程序正常运行结果

如果用户输入的被除数为 A，运行结果如图 7-2 所示。

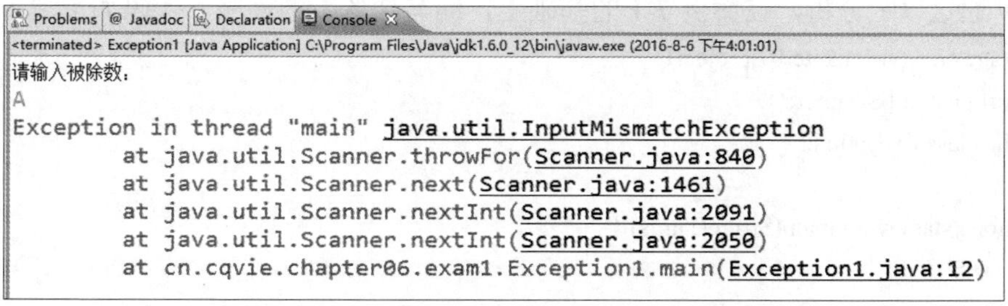

图 7-2　案例 7-1 中被除数是非整数情况下的运行结果

如果用户输入的除数为 0，运行结果如图 7-3 所示。

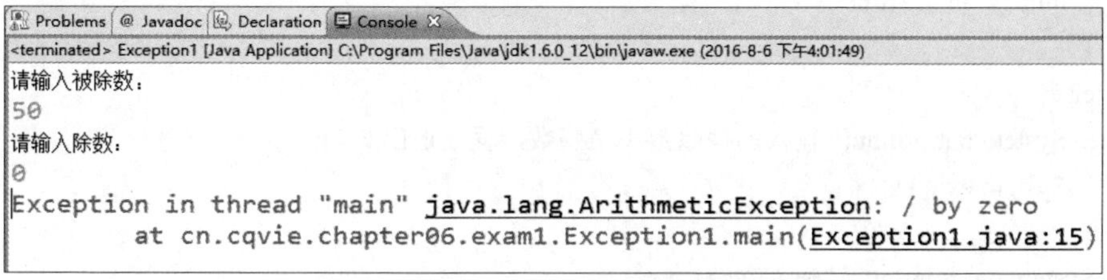

图 7-3　案例 7-1 中除数为 0 的运行结果

在例 7-1 的程序中，要求被除数和除数为整数，而且 Java 语言规定除数不能为 0，如果违反这些规则，程序会非正常地结束，即产生异常。异常开始处的后面的语句将不执行。

思考：请读者们思考如何处理上述这些异常？如何避免这样的异常？

3. 异常的概念

案例 7-1 展示了程序中的异常，那么什么是异常呢？

异常是在程序运行过程中所发生的反常事件，它将中断正在运行的程序。其有多种表现形式，如内存用完、资源分配错误、找不到文件、网络连接发生错误、算术运算错误（如数的溢出、被零整除）、数组下标越界、类型转换异常等。

实现方法

1. 分析题目

通过分析任务要求，可以使用以下方法完成本任务。

（1）根据提示输入被除数和除数。

（2）在正常输入的情况下，输出相应的内容；在不正常的输入情况下，也要输出相应的内容。

（3）需要对输入的内容进行 if…else 语句的判断。

任务 7-1 的实现

2. 实施步骤

（1）通过以上分析，在案例 7-1 的基础上，编写任务 1 的程序，代码如下：

```java
package cn.cqvie.chapter07.project1;
import java.util.Scanner;
public class Exception2 {

    public static void main(String[] args) {

        Scanner in= new Scanner(System.in);
        System.out.println(" 请输入被除数： ");
        int num1=0,num2=0,num3;
        if(in.hasNextInt()){
            num1 = in.nextInt();
        }
        else{
            System.out.println(" 输入的被除数不是整数，程序退出！ ");
            System.exit(1);
        }
        System.out.println(" 请输入除数： ");
        if(in.hasNextInt()){
            num2 = in.nextInt();
            if(num2==0){
                System.out.println(" 除数不能为 0，程序退出！ ");
                System.exit(1);
```

```
        }
      }
    else{
        System.out.println(" 输入的除数不是整数，程序退出！ ");
        System.exit(1);
    }
    num3 = num1 / num2;
    System.out.println(String.format("%d / %d = %d",num1,num2,num3 ));
    System.out.println(" 感谢使用本程序！ ");
  }
}
```

（2）调试运行，显示结果。该程序的部分运行结果如图 7-4 所示。

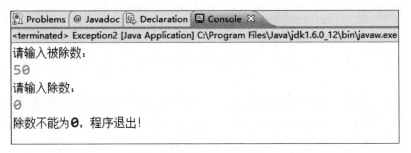

图 7-4　任务 1 中除数为 0 时的运行结果

思考：通过 if…else 语句进行异常处理有什么缺陷？

任务 2　异常处理

任务描述

使用 try…catch 语句对任务 1 中的异常进行处理。

任务要求

通过使用 try…catch 语句对任务 1 中的异常进行处理，掌握 try…catch 语句的使用方法，并加深对异常的理解。

知识链接

1．异常处理机制

考虑一个对生活中的异常进行处理的情况：上班异常案例。如果上班时因为异常情况未准时到达办公室，会采取电话告知领导或其他同事代为处理相应的事情，而不至于因为迟到导致工作上所有的事情无法开展。

与我们平时对于可能遇到的意外情况会预先设计好一些处理办法类似，Java 提供了一种独特的处理异常机制，即在程序代码执行中，如果出现异常，程序会按照预定的处理办法对异常进行处理，处理完异常后，程序继续运行。

Java 语言中的异常处理包括声明异常、抛出异常、捕获异常和处理异常 4 个环节，通过 5 个关键字 try、catch、finally、throw 和 throws 来实现。

2. try…catch

把可能出现异常的代码放入 try 语句块，并使用 catch 语句捕获异常。可以有多个 catch 语句，用来匹配多个异常。try…catch 语句的格式如下：

```
try{
   ……                          // 可能产生异常的代码
}catch( 异常类 e){
   ……                          // 处理异常的代码
}catch( 异常类 e){
   ……                          // 处理异常的代码
}
```

如果 try 语句块在执行过程中碰到异常，try 块中后面的代码将不被执行，系统会自动生成相应的异常对象，如果该异常对象与 catch 中声明的异常类型相匹配，会把该异常对象赋给 catch 后面的异常参数，相应的 catch 块会被执行。

当有多个 catch 块处理不同的异常时，异常的排列顺序必须是从子类到父类，最后一个通常都是 Exception 类。根据匹配原则，如果把父类异常放到前面，后面子类相应的 catch 块将得不到执行。程序运行时如果有异常，系统只执行其中的一个匹配 catch 块。

Java 异常类层次结构如图 7-5 所示，详细信息请查阅 JDK 帮助。

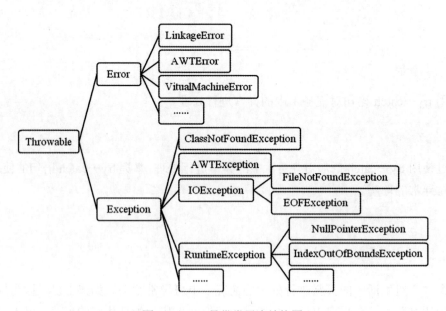

图 7-5　Java 异常类层次结构图

Java 程序的错误包括 Error 和 Exception 两种类型，其中，Error 是指错误，如动态链接失败、虚拟机错误等，通常 Java 程序不会处理这类错误；Exception 才是真正意义上的异常，包括运行时异常和非运行时异常两种类型。

案例 7-2　将案例 7-1 可能出现异常的代码放入 try 语句块中，并使用 catch 语句块捕获异常。

案例 7-2 的实现

```
package cn.cqvie.chapter07.exam2;
import java.util.Scanner;

public class Exception3 {

    public static void main(String[] args) {

        try{
            Scanner in = new Scanner(System.in);
            System.out.println(" 请输入被除数： ");
            int num1 = in.nextInt();
            System.out.println(" 请输入除数： ");
            int num2 = in.nextInt();
            int num3 = num1 / num2;
            System.out.println(String.format("%d /%d = %d",num1,num2,num3));
            System.out.println(" 感谢使用本程序！ ");
        }catch(Exception e){
            System.out.println(" 出现错误，异常信息如下： ");
            System.out.println(e.toString());
        }
    }
}
```

请读者运行上述代码，并执行以下三种情况：正常输入、被除数输入 A、除数输入 0，分别查看运行结果，观察有什么不同。

3. try…catch…finally

可以在 try…catch 语句块后加入 finally 语句块。finally 语句块所包含的语句是不管有没有异常都要执行的内容。

try…catch…finally 语句格式如下：

```
try{
    ……                          // 可能产生异常的代码
}catch( 异常类 e){
    ……                          // 处理异常的代码
}catch（异常类 e） {
    ……                          // 处理异常的代码
}finally{
    ……                          // 上面代码执行完后必须执行的内容
}
```

上述结构中，try 块是必须的，catch 块和 finally 块为可选，但两者至少要有一个。

案例 7-3　在案例 7-2 中，不管什么情况都需要执行"感谢使用本程序！"这条语句。

```java
package cn.cqvie.chapter07.exam3;

import java.util.Scanner;

public class Exception4 {

    public static void main(String[] args) {

        try{
            Scanner in = new Scanner(System.in);
            System.out.println(" 请输入被除数： ");
            int num1 = in.nextInt();
            System.out.println(" 请输入除数： ");
            int num2 = in.nextInt();
            int num3 = num1 / num2;
            System.out.println(String.format("%d /%d = %d",num1,num2,num3));

        }catch(Exception e){
            System.out.println(" 出现错误，异常信息如下： ");
            System.out.println(e.toString());
        }
        finally{
            System.out.println(" 感谢使用本程序！ ");
        }
    }
}
```

案例 7-3 的实现

若在 try 块和 catch 块中存在 return 语句，finally 块中的语句也会被执行，发生异常时语句执行的顺序：①执行 try 块或 catch 块中 return 语句之前的语句；②执行 finally 块中的语句；③执行 try 块或 catch 块中的 return 语句，退出程序。

finally 块中的语句不执行的唯一情况：在异常处理代码中执行 System.exit(1)，此时将退出 Java 虚拟机。

4. throws（声明异常）

Java 中可以这样处理异常：在产生异常的方法体中不进行异常的处理，而是在调用此方法的方法体中进行处理，如果需要，可以继续把异常上传到上一层的方法。在方法的声明中显式地指明方法执行时可能出现的错误的形式称为声明异常，使用关键字 throws 进行声明。可以同时声明多个异常，之间用逗号隔开，格式如下：

```java
public void test() throws IOException
public void test() throws IOException,IllegalAccessException
```

一旦方法声明了抛出异常，可以采用以下两种方法进行处理：

● 调用者通过 try…catch…finally 捕获并处理异常。

● 通过 throws 继续声明异常，如果调用者不知道如何处理异常，可以继续通过 throws 声明异常，让上一级处理异常。main 方法声明的异常将由 Java 虚拟机来处理。

案例 7-4 将案例 7-3 中计算商的任务封装到 divide() 方法中，在 main() 方法中调用该方法，并对可能产生的异常进行处理。

```
* 声明异常，调用方法 try…catch 进行捕获
*/
package cn.cqvie.chapter07.exam4;
import java.util.Scanner;
public class Exception5 {

    public static void main(String[] args) {

        try{
            divide();
        }catch(Exception e){
            System.out.println(" 出现错误，异常信息如下：");
            System.out.println(e.toString());
        }

    }

    public static void divide() throws Exception{
        Scanner in = new Scanner(System.in);
        System.out.println(" 请输入被除数：");
        int num1 = in.nextInt();
        System.out.println(" 请输入除数：");
        int num2 = in.nextInt();
        int num3 = num1 / num2;
        System.out.println(String.format("%d /%d = %d",num1,num2,num3));
    }
}
```

在案例 7-4 中，在 main 方法中不用 try…catch 语句处理异常，而是继续声明异常，此时将由 Java 虚拟机来处理异常。

案例 7-5 main 方法声明的异常由 Java 虚拟机进行处理。

```
package cn.cqvie.chapter07.exam5;

import java.util.Scanner;

public class Exception6 {

    public static void main(String[] args) throws Exception {

        divide();
    }
    public static void divide() throws Exception{
```

```
        Scanner in = new Scanner(System.in);
        System.out.println(" 请输入被除数： ");
        int num1 = in.nextInt();
        System.out.println(" 请输入除数： ");
        int num2 = in.nextInt();
        int num3 = num1 / num2;
        System.out.println(String.format("%d /%d = %d",num1,num2,num3));
    }
}
```

5. throw（抛出异常）

在 Java 的异常处理机制中，程序应能够捕获异常并进行异常处理，但前提条件是在方法执行中能够将产生的异常抛出。Java 语言中异常的对象有两个来源：一是 Java 运行时环境自动抛出系统产生的异常，这些异常总是要抛出即自动抛出，如除数为 0 的异常；二是系统无法自动发现并解决，即程序员自己抛出的异常，这类异常可以是程序员自己定义的，也可以是 Java 语言中定义的，如年龄不在正常范围内，性别输入不是"男"或"女"等，此时可以用 throw 关键字抛出异常，把问题提交给调用者解决，格式如下：

throw new Exception()

案例 7-6 测试 throw 抛出异常。

```
package cn.cqvie.chapter07.exam6;

public class Exception7 {
    private String sex = " 男 ";                    // 性别
    public void setSex(String sex) throws Exception{
        if(" 男 ".equals(sex) || " 女 ".equals(sex)){
            this.sex = sex;
        }
        else{
            throw new Exception(" 性别必须是男或女！ ");
        }
    }

    public static void main(String[] args) {

        Exception7 exception = new Exception7();
        try{

            exception.setSex("A");
            //exception.setSex(" 男 ");
            System.out.println(" 性别是： "+exception.sex);
        }catch(Exception e){
            e.printStackTrace();
        }
    }
}
```

案例 7-6 的实现

请读者自己调试程序并观察运行结果。

提示：throw 和 throws 的区别如下所述。

● 作用不同：throw 用于声明在该方法内抛出异常；throws 用于自动产生并抛出异常。

● 位置不同：throw 位于方法体内部，可以作为单独语句使用；throws 必须位于方法参数列表的后面，不能单独使用。

● 内容不同：throw 抛出一个异常对象，而且只能是一个；throws 后面跟异常类，而且可以跟多个异常类。

实现方法

1. 分析题目

请参考案例 7-3。

2. 实施步骤

具体请参考案例 7-3 的代码。

思考与练习

理论题

1. 请写出任务 1 的代码的注释语句。

2. 通过 if…else 语句进行异常处理有什么缺陷？

3. 请给出 throw 和 throws 的主要区别。

实训题

1. 在案例 7-6 中，在 Exception7 类中添加设置年龄的方法 setAge(int aget)，对年龄进行判断，如果输入的年龄范围为 1 ～ 100，则直接赋值，否则抛出异常。

2. 自己查阅资料，了解一种开源日志记录工具，如 log4j。

第 8 章　JDBC

项目导读

　　本章包含 3 个任务，任务 1 带你学习 JDBC 的连接；任务 2 带你学习数据库的增、删、改、查操作；任务 3 带你学习数据库操作的分层处理。

教学目标

- 了解 JDBC 技术；
- 掌握 JDBC 标准 API；
- 熟悉 JDBC 连接数据库的操作步骤；
- 熟练运用 JDBC 技术操作数据库；
- 理解 DAO 模式，实现分层开发。

任务 1   JDBC 连接

任务描述

安装和配置一种数据库，在 Eclipse 下完成数据库的连接测试。

任务要求

正确连接数据库并在控制台输出结果。

知识链接

1. JDBC 概述

之前所学的案例，都是通过控制台打印输出，数据无法保存，每次运行程序都需要重新输入。在 Java 中如何实现把各种数据存入数据库，从而实现长久保存呢？ Java 是通过 JDBC 技术实现对各种数据库访问的，JDBC 是应用程序与各种数据库之间进行对话的媒介。

JDBC 是 Java 数据库连接（Java Data Base Connectivity）技术的简称，由一组使用 Java 语言编写的类和接口组成，使得 Java 程序能够连接各种常用的数据库。Sun 公司提供了 JDBC 的接口规范——JDBC API ；而数据库厂商或第三方中间件厂商根据该接口规范提供针对不同数据库的具体实现——JDBC 驱动。

2. JDBC 连接数据库的 API

JDBC 提供了标准的 API，主要包括 DriverManager、Connection、Statement、PreparedStatement、CallableStatement 和 ResultSet，涉及数据库连接的 API 主要包括 DriverManager 和 Connection。

DriverManager 是用于管理 JDBC 驱动程序的接口。这个接口的主要用途是通过 getConnection() 方法取得对 Connection 对象的引用。DriverManager 的常用方法见表 8-1。

表 8-1　DriverManager 的常用方法

方法名	方法说明
public static synchronized Connection getConnection(String url, String user, String password) throws SQLException	获得 url 对应数据库的一个连接
public static void setLoginTimeout(int seconds)	设置在进行数据库登录时，驱动程序等待的时间

Connection 对象是通过 DriverManager.getConnection() 方法取得的，表示驱动程序提供的与数据库连接的对话。Connection 对象的常用方法见表 8-2。

表 8-2　Connection 对象的常用方法

方法名	方法说明
Statement createStatement() throws SQLException	返回一个 Statement 对象
PreparedStatement prepareStatement(String sql) throws SQLException	返回一个 PreparedStatement 对象，并能把 SQL 语句提交到数据库进行预编译
CallableStatement prepareCall(String sql)	返回一个 CallableStatement 对象，该对象能够处理存储过程
void setAutoCommit() throws SQLException	设置事务提交的模式
void commit() throws SQLException	提交当前业务开始以来的所有改变
void rollback() throws SQLException	放弃当前业务开始以来的所有改变

3. JDBC 连接数据库的步骤

（1）导入 JDBC 包。根据不同的数据库加载不同的驱动。本章使用 SQLServer 数据库，jar 包已经放在本章节的目录下，使用时在本任务中添加该 jar 包，然后使用 import 语句引入。

```
import java.sql.* ;                    // 引用 JDBC 包
```

使用标准的 JDBC 包，可以执行选择、插入、更新和删除 SQL 表中数据等操作。

（2）注册 JDBC 驱动程序。使用 JDBC 包之前，必须注册驱动程序。可以通过 Class.forName() 完成注册。注册一个驱动程序最常用的方法是，使用 Java 的 Class.forName() 方法将驱动程序的类文件动态加载到内存中，这样会自动将驱动程序注册。下面的示例使用 Class.forName() 来注册 SQLServer 驱动程序。

```
try {
    Class.forName("com.microsoft.sqlserver.jdbc.SQLServerDriver");
}
catch(ClassNotFoundException ex) {
    System.out.println(" 不能加载驱动 !");
    System.exit(1);
}
```

可以使用 getInstance() 方法来解决不兼容的 JVM，但要增加两个异常的捕获，如下面案例所示。

```
try {
    Class.forName("com.microsoft.sqlserver.jdbc.SQLServerDriver").newInstance();
}
catch(ClassNotFoundException ex) {
    System.out.println("Error: unable to load driver class!");
    System.exit(1);
}
catch(IllegalAccessException ex) {
    System.out.println("Error: access problem while loading!");
    System.exit(2);
}
catch(InstantiationException ex) {
    System.out.println("Error: unable to instantiate driver!");
    System.exit(3);
}
```

（3）定义指向数据库的 URL。加载完驱动程序，可以使用 DriverManager.getConnection() 方法获取连接。DriverManager.getConnection() 的 3 个方法如下：

getConnection(String url)
getConnection(String url, Properties prop)
getConnection(String url, String user, String password)

获取连接需要得到指向数据库的 URL，即数据库地址。表 8-3 列出了当下流行的数据库及其相应的 JDBC 驱动程序名和数据库的 URL 格式。

表 8-3　当下流行的数据库及其相应的 JDBC 驱动程序名和数据库的 URL 格式

RDBMS	JDBC 驱动程序的名称	URL 格式
MySQL	com.mysql.jdbc.Driver	jdbc:mysql://hostname/databaseName
ORACLE	oracle.jdbc.driver.OracleDriver	jdbc:oracle:thin:@hostname:port Number: databaseName
SQLserver	com.microsoft.sqlserver.jdbc.SQLServerDriver	jdbc:sqlserver://hostname:port;databaseName

（4）创建连接对象。通过 DriverManager.getConnection() 方法创建一个连接对象。getConnection() 最常用的形式要求传递一个数据库 URL、数据库用户名和密码。

```
Connection conn = null;
Class.forName("com.microsoft.sqlserver.jdbc.SQLServerDriver");          // 注册驱动
// 建立连接，在本地创建了名为 JavaBook 的数据库，用户名和密码均为 sa
conn = DriverManager.getConnection("jdbc:sqlserver://localhost:1433;databaseName=JavaBook",
       "sa","sa");
```

（5）关闭 JDBC 连接。JDBC 程序结束后要求关闭所有的连接对象。如果没有关闭所有的连接对象，Java 垃圾收集器会将连接关闭。但依靠垃圾收集器收集垃圾是不好的编程习惯。

为了确保连接被关闭，可以在代码中的 finally 块中执行关闭连接操作。不管是否有异常，finally 块都会执行，这样能确保执行关闭连接操作。

```
finally{
  try {
    conn.close();
  } catch (SQLException e) {
    // TODO Auto-generated catch block
    e.printStackTrace();
  } // 关闭
}
```

实现方法

1. 分析题目

通过分析任务要求，可以使用以下方法完成本任务。

（1）创建测试数据库，并设置数据库的用户名和密码。

（2）加载合适的驱动程序，注册驱动，连接数据库，关闭数据库。

2. 实施步骤

（1）编写 TestConnect 类，代码如下：

任务 8-1 的实现

```java
package cn.cqvie.chapter08.project1;
import java.sql.Connection;
import java.sql.DriverManager;
import java.sql.Statement;
public class TestConnect {
    Connection con;                                    // 声明数据库连接类
    Statement stmt;
    private String m_JDBCDriver
            = "com.microsoft.sqlserver.jdbc.SQLServerDriver";
    private String m_JDBCConnectionURL
            = "jdbc:sqlserver://localhost:1433;databaseName=JavaBook";
    private String m_userID = "sa";
    private String m_password = "sa";
    public TestConnect() {                             // 创建数据库连接的构造函数
      try {
        Class.forName(m_JDBCDriver).newInstance();        // 加载驱动程序
        System.out.println(" 驱动程序加载正确 !");
      } catch (Exception sqle) {
        System.out.println(" 驱动程序加载错误 !");
      }
    }

    public boolean connect() {                         // 建立数据库连接
      try {
        con = DriverManager.getConnection(m_JDBCConnectionURL, m_userID,m_password);
        stmt = con.createStatement();

      } catch (Exception ee) {
        System.out.println(" 数据库连接错误 !");
        return false;
      }
      return true;
    }
    public void disconnect() {                         // 断开数据库连接
      try {
        if (con != null) {
          con.close();
          con = null;
        }
      } catch (Exception _ex) {
        System.out.println(" 关闭数据库失败 !");
      }
    }
```

```
public static void main(String[] args) {
    // TODO Auto-generated method stub
    TestConnect tc = new TestConnect();
    if (tc.connect()) {
        System.out.println(" 数据库连接正确 !");
    }
    tc.disconnect();
}
}
```

（2）运行程序，查看结果。该程序的部分运行结果如图 8-1 所示。

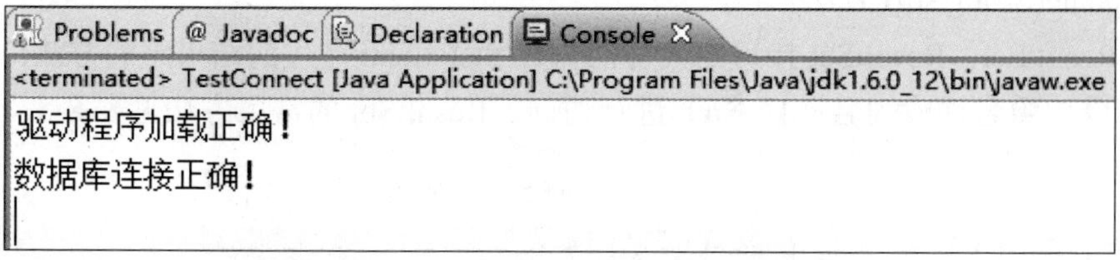

图 8-1　程序的部分运行结果

任务 2　数据库的增、删、改、查操作

任务描述

创建用户表，包括用户名和用户密码，实现对用户表的插入、删除、查询和修改操作。

任务要求

正确连接数据库，对数据库表进行增、删、改、查操作并在控制台输出结果。

知识链接

1. JDBC 操作数据库的 API

在完成数据库的连接后，需要对数据库进行操作，主要涉及 Statement、ResultSet 和 PreparedStatement 的使用。

（1）Statement。Statement 是向数据库提交 SQL 语句并返回相应结果的工具。SQL 语句可以是插入、删除、查询和修改。Statement 的常用方法见表 8-4。

表 8-4　Statement 的常用方法

方法名	方法说明
ResultSet executeQuery(String sql) throws SQLException	执行一个查询语句并将返回结果集存于 ResultSet 对象中

续表

方法名	方法说明
int executeUpdate(String sql) throws SQLException	执行一个修改或插入语句，并返回发生改变的记录条数
boolean execute(String sql) throws SQLException	执行一个修改或插入语句，返回的布尔值表示语句是否执行成功

使用 Statement 方法时，语句可能返回或不返回 ResultSet 对象。如果提交的是查询语句，通常使用 executeQuery(String sql) 方法；如果提交的是修改或插入语句，通常使用 executeUpdate(String sql) 方法。

（2）ResultSet。ResultSet 接口定义访问执行 Statement 产生的结果集的方法。ResultSet 结果集可以按照名称或列名（1 ～ n）进行访问。ResultSet 的常用方法见表 8-5。

表 8-5　ResultSet 的常用方法

方法名	方法说明
boolean next() throws SQLException	将 ResultSet 定位到下一行。ResultSet 定位从结果集第一行开始
ResultSetMetaData getMetaData() throws SQLException	返回当前结果集说明的对象：列号、每列类型和结果属性
void close() throws SQLException	释放 ResultSet 对象资源
boolean absolute(int row) throws SQLException	将结果集移动到指定行，如果 row 为负数（–n），则将结果集放在倒数第 n 行

ResultSet 类的 get××× 方法可以从某一数据项中获得结果，其中 ××× 是 JDBC 中的 Java 数据类型，如 getInt、getString、getData 等。get××× 方法需要指定要检索的数据项，有两种指定数据项的方法：一种是以一个 int 值作为数据项的索引；另一种是以一个 String 对象作为数据项名的索引。

```
Statement stmt = conn.createStatement();
String sql = "select * from userTable";
rs = stmt.executeQuery(sql);
while(rs.next()){
   System.out.println(rs.getInt(1)+"\t");
   System.out.print(rs.getString(2)+"\t");
   System.out.print(rs.getString("strain"));
}
```

（3）PreparedStatement。PreparedStatement 接口继承 Statement 接口。当一条 SQL 语句需要稍加变化而反复执行时，通常使用 PreparedStatement。

PreparedStatement 对象的查询语句和更新语句都可以设置输入参数。在建立 PreparedStatement 对象后，并且在 SQL 语句执行之前，使用 set××× 方法给参数赋值，然后使用 executeQuery 或 executeUpdate 来执行这个 SQL 语句。每一次执行 SQL 语句之前都可以给参数重新赋值。Connection 对象的 prepareStatement() 方法将 SQL 语句作为其参数。

```
PreparedStatement pstmt = null;
String sql = "insert into userTable(userID,userName,userPassword) values(?,?,?)";
pstmt = conn.prepareStatement(sql);
pstmt.setInt(1, 1001);                          // 设置第 1 个问号的值为 1001
pstmt.setString(2,"admin");                     // 设置第 2 个问号的值为 admin
pstmt.setString(3,"admin");                     // 设置第 3 个问号的值为 admin
pstmt.executeUpdate();                          // 更新表
```

注：? 符号是一个运行时可被输入参数替代的占位符。

set××× 方法用于给相应的输入参数赋值，其中 ××× 是 JDBC 的数据类型，如 int、String 等，第一个参数的位置为 1，第二个参数的位置为 2，依次类推。set××× 的第一个参数是参数的位置，第二个参数是要传递的值，该值的类型随 ××× 类型的不同而不同。

2. 数据库的操作

```
// 查询数据库
public ResultSet getResult(String strSQL) {           // 执行 SQL 语句，返回结果集
    try {
        rs = stmt.executeQuery(strSQL);
        return rs;
    } catch (SQLException sqle) {
        System.out.println("getResult(): 执行 SQL 语句失败 !");
        return null;
    }
}
// 数据库的更新操作
public boolean updateSql(String strSQL) {
    try {
        stmt.executeUpdate(strSQL);
        return true;
    } catch (SQLException sqle) {
        System.out.println("updateSql(): 执行 SQL 语句错误 !");
        return false;
    }
}
```

实现方法

1. 分析题目

通过分析任务要求，可以使用以下方法完成本任务。

（1）创建表 userTable，表中包括 userID、username、userPassword 三个字段。

（2）利用 JDBC 的 API 完成数据库的操作。

2. 实施步骤

（1）创建 userTable 表。

（2）定义操作类 TestOperation，代码如下所示。

任务 8-2 的实现

```java
package cn.cqvie.chapater08.project2;
import java.sql.Connection;

import java.sql.*;

public class TestOperation {

    Connection con;                          // 声明数据库连接类
    Statement stmt;                          // 声明执行 SQL 语句的容器
    ResultSet rs;                            // 查询语句返回的结果集
    private String m_JDBCDriver = "com.microsoft.sqlserver.jdbc.SQLServerDriver";
    private String m_JDBCConnectionURL = "jdbc:sqlserver://localhost:1433;databaseName=JavaBook";
    private String m_userID = "sa";
    private String m_password = "sa";

    public TestOperation() {                 // 创建数据库连接的构造函数
        try {
            Class.forName(m_JDBCDriver).newInstance();  // 加载驱动程序
            System.out.println(" 驱动程序加载正确 !");
        } catch (Exception sqle) {
            System.out.println(" 驱动程序加载错误 !");
        }
    }

    public boolean connect() {               // 建立数据库连接
        try {
            con = DriverManager.getConnection(m_JDBCConnectionURL, m_userID,
                m_password);
            stmt = con.createStatement();
            System.out.println(" 数据库连接正确 !");
        } catch (Exception ee) {
            System.out.println(" 数据库连接错误 !");
            return false;
        }
        return true;
    }

    public ResultSet getResult(String strSQL) {     // 执行 SQL 语句，返回结果集
        try {
            rs = stmt.executeQuery(strSQL);
            return rs;
        } catch (SQLException sqle) {
            System.out.println("getResult(): 执行 SQL 语句失败 !");
            return null;
        }
    }
```

```java
public boolean updateSql(String strSQL) {
    try {
        stmt.executeUpdate(strSQL);
        con.commit();
        return true;

    } catch (SQLException sqle) {
        System.out.println("updateSql(): 执行 SQL 语句错误 !");
        return false;
    }
}
public boolean insertSql(String strSQL){
    try{
        stmt.executeUpdate(strSQL);
        con.commit();
        return true;
    }catch(SQLException sqle){
        System.out.println("insertSql(): 执行 SQL 语句错误 !");
        return false;
    }
}


public void disconnect() {                          // 断开数据库连接
    try {
        if (con != null) {
            con.close();
            con = null;
        }
    } catch (Exception _ex) {
        System.out.println(" 关闭数据库失败 !");
    }
}

public static void main(String[] args) {
    // TODO Auto-generated method stub
    TestOperation test = new TestOperation();
    String sql1 = "insert into userTable(userID,userName,userPassword) values(1002,'admin2','admin2')";
    String sql2;
    ResultSet rs;
    if(test.connect()){
        if(test.insertSql(sql1)){
            System.out.println(" 插入成功 !");
            sql2 = "select * from userTable";
            if(test.getResult(sql2)!=null){
                rs = test.getResult(sql2);
                try {
                    while(rs.next()){
```

```
                    System.out.println(rs.getInt(1));
                }
            } catch (SQLException e) {
                // TODO Auto-generated catch block
                e.printStackTrace();
            }
        }
    }
}

    test.disconnect();
}

}
```

（3）调试运行，显示结果。该程序的部分运行结果如图 8-2 所示。

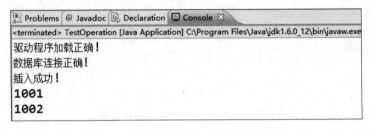

图 8-2　执行插入操作后的运行结果

任务 3　数据库操作的分层处理

任务描述

将任务 2 的代码实现分层处理，实现用户的注册和登录功能。

任务要求

将代码实现分层，并在控制台输出结果。

知识链接

1. 数据持久化

持久化是将程序中的数据在瞬时状态和持久状态间转换的机制。JDBC 就是一种持久化机制（将大脑所思考的事情记录在本子上，这个过程就是持久化）。

持久化的主要方式包括，将数据保存到数据库、普通文件和 XML 文件中。持久化的主要操作包括保存、删除、修改、读取和查找。任务 2 中的例子是直接对持久化数据的访问，将业务逻辑和对持久化数据的访问写在一个文件里，逻辑不是很清晰。

2. DAO 模式

DAO 是 Date Access Obeject（数据存取对象）的缩写，位于业务逻辑和持久化数据之间，实现对持久化数据的访问。DAO 模式提供了访问关系数据库系统所需操作的接口，将数据访问和业务逻辑进行分离，对上层提供面向对象的数据访问接口。DAO 模式隔离了数据访问代码和业务逻辑代码，降低了耦合性，效率更高，提高了可复用性；隔离了不同数据库的实现，如果底层数据库变化，只需要增加数据访问接口的实现类即可，降低了代码的耦合性，提高了代码的可扩展性和系统的可移值性。

DAO 模式的组成如下：

- DAO 接口，把对数据库的所有操作定义成一个抽象方法，可以提供多个实现。
- DAO 实现类，针对不同数据库给出 DAO 接口定义方法的具体实现。
- 实体类，用于存放传输对象数据。
- 数据库连接和关闭工具类，避免数据库连接和关闭代码的重复使用，方便修改。

3. 分层开发的步骤

利用 DAO 模式实现分层开发的步骤如下所述。

（1）创建实体。在分层结构中，不同层之间通过实体类来传输数据。把相关信息使用实体类进行封装后，在程序中把实体类作为方法的输入参数或返回结果，实现数据传递。实体类的主要特征包括以下几个方面：

- 实体类的属性一般使用 private 进行修饰。
- 对实体类的属性提供 getter 和 setter 方法，负责属性的读取和赋值，一般使用 public 进行修饰。
- 对实体类提供无参构造方法，根据业务需要提供所需的有参构造方法。
- 实体类最好实现 java.io.Serializable（支持序列化机制），这样可以将对象转换成字节序列保存在磁盘上或在网络上进行传输。如果实体类实现了 java.io.Serializable，就应该定义属性 serialVersionUID 以解决不同版本之间的序列化问题。

以数据库中有 user 数据表 (userID nchar(6),username nchar(8),userPassword nvarchar(20)) 为例，下面代码给出对 user 表对应的实体类的定义。

```
package cn.cqvie.chapter08.project3.entity;

public class User {

    private int userID;
    private String userName;
    private String userPassword;

    public User(){

    }
```

```java
public int getUserID() {
    return userID;
}
public void setUserID(int userID) {
    this.userID = userID;
}
public String getUserName() {
    return userName;
}
public void setUserName(String userName) {
    this.userName = userName;
}
public String getUserPassword() {
    return userPassword;
}
public void setUserPassword(String userPassword) {
    this.userPassword = userPassword;
}
}
```

（2）创建 DAO 层。该层主要是把数据访问代码提取出去，由数据库连接类、DAO 接口和实现类实现功能。该层代码放在 DAO 包下面，其他层不用考虑数据的访问操作，层与层之间通过实体类来传输数据。

1）创建 BaseDao 类，代码如下：

```java
// 数据库连接类
package cn.cqvie.chapter08.project3.dao;
import java.sql.Connection;
import java.sql.DriverManager;
import java.sql.PreparedStatement;
import java.sql.ResultSet;
import java.sql.SQLException;
import java.sql.Statement;
/**
 * 数据库连接与关闭工具类
 * @author juan
 */
public class BaseDao {
    private static String driver =
            "com.microsoft.sqlserver.jdbc.SQLServerDriver";           // 数据库驱动字符串
    private static String url =
        "jdbc:sqlserver://localhost:1433;DatabaseName=JavaBook";      // 连接 URL 字符串
    private  static String user = "sa";                               // 数据库用户名
    private  static String password = "sa";                           // 用户密码
    static Connection conn = null;                                    // 数据连接对象
    /**
     * 获取数据库连接对象
     */
```

```java
public static Connection getConnection() {
    if(conn==null){
        // 获取连接并捕获异常
        try {
            Class.forName(driver);
            conn = DriverManager.getConnection(url, user, password);
        } catch (Exception e) {
            e.printStackTrace();                    // 异常处理
        }
    }
    return conn;                                    // 返回连接对象
}
/**
 * 关闭数据库连接
 * @param conn 数据库连接
 * @param stmt Statement 对象
 * @param rs 结果集
 */
public static void closeAll(Connection conn, Statement stmt,
        ResultSet rs) {
    // 若结果集对象不为空，则关闭
    if (rs != null) {
        try {
            rs.close();
        } catch (Exception e) {
            e.printStackTrace();
        }
    }
    // 若 Statement 对象不为空，则关闭
    if (stmt != null) {
        try {
            stmt.close();
        } catch (Exception e) {
            e.printStackTrace();
        }
    }
    // 若数据库连接对象不为空，则关闭
    if (conn != null) {
        try {
            conn.close();
        } catch (Exception e) {
            e.printStackTrace();
        }
    }
}
/**
 * 增、删、改的操作
 * @param preparedSql 预编译的 SQL 语句
```

```
            * @param param 预编译的 SQL 语句中的 "？" 参数的字符串数组
            * @return 影响的行数
            */
           public int exceuteUpdate(String preparedSql, Object[] param) {
               PreparedStatement pstmt = null;
               int num = 0;
               conn =  getConnection();
               try {
                   pstmt = conn.prepareStatement(preparedSql);
                   if (param != null) {
                       for (int i = 0; i < param.length; i++) {
                           pstmt.setObject(i + 1, param[i]);              // 为预编译 SQL 设置参数
                       }
                   }
                   num = pstmt.executeUpdate();
               } catch (SQLException e) {
                   e.printStackTrace();
               } finally {
                   closeAll(conn, pstmt, null);
               }
               return num;
           }
       }
```

2）创建 UserDao 接口，代码如下：

```
//UserDao 接口
package cn.cqvie.chapter08.project3.dao;

import com.jdbc.testdao.entity.User;

public interface IUserDao {
    boolean insert(User user);
    int delete(User user);
    int update(User user);
    boolean find(User user);
}
```

3）创建 IUserDao 接口的实现类 UserDaoImp，代码如下：

```
//IUserDao 接口的实现类
package cn.cqvie.chapter08.project3.dao;

import java.sql.Connection;
import java.sql.PreparedStatement;
import java.sql.ResultSet;
import cn.cqvie.chapter08.project3.entity.User;
public class UserDaoImp implements IUserDao {

    PreparedStatement pstm = null;
```

```
ResultSet rs = null;
Connection conn = BaseDao.getConnection();

@Override
public boolean insert(User user) {
    // TODO Auto-generated method stub

    boolean flag = true;
    try{

        String sql = "insert into userTable(userID,userName,userPassword) values(?,?,?)";
        if(conn!=null){
            pstm = conn.prepareStatement(sql);
            pstm.setInt(1, user.getUserID());
            pstm.setString(2, user.getUserName());
            pstm.setString(3, user.getUserPassword());
            pstm.executeUpdate();
        }
    }catch(Exception e){
        System.out.println("insertSql(): 执行 SQL 语句错误！ ");
        e.printStackTrace();
        flag = false;
    }finally{
        try{
        conn.close();
        pstm.close();
        }catch(Exception e){
            e.printStackTrace();
        }
    }
    return flag;
}

@Override
public int delete(User user) {
    // TODO Auto-generated method stub
    return 0;
}

@Override
public int update(User user) {
    // TODO Auto-generated method stub
    return 0;
}

@Override
public boolean find(User user) {
```

```
                // TODO Auto-generated method stub
                boolean flag = false;
                try{
                    if(conn!=null){
                        String sql =
                            "select * from userTable where userName = ? and userPassword =?";
                        pstm = conn.prepareStatement(sql);
                        pstm.setString(1, user.getUserName());
                        pstm.setString(2, user.getUserPassword());
                        rs = pstm.executeQuery();
                        if(rs.next()){
                            flag = true;

                        }

                    }

                }catch(Exception e){
                    e.printStackTrace();
                }
                return flag;
            }

    }
```

（3）创建业务逻辑层。该层主要处理和 user 表相关的业务逻辑，如完成登录和注册功能。相应代码如下：

```
package cn.cqvie.chapter08.project3.bus;
import cn.cqvie.chapter08.project3.dao.IUserDao;
import cn.cqvie.chapter08.project3.dao.UserDaoImp;
import cn.cqvie.chapter08.project3.entity.User;

public class UserBus {

    IUserDao userDao = new UserDaoImp();

    public boolean login(User user){

        return userDao.find(user);

    }
    public boolean register(User user){

        return userDao.insert(user);

    }
}
```

（4）编写测试类，代码如下：

```java
package cn.cqvie.chapter08.project3.test;

import java.util.Scanner;

import cn.cqvie.chapter08.project3.bus.UserBus;
import cn.cqvie.chapter08.project3.entity.User;


public class TestUser {

    public static void main(String[] args) {
        // TODO Auto-generated method stub

        UserBus userBus = new UserBus();
        User user = new User();
        Scanner input  = new Scanner(System.in);
        System.out.println(" 请输入 ID");
        int userId = input.nextInt();
        System.out.println(" 请输入用户名 ");
        String userName = input.next();
        System.out.println(" 请输入密码 ");
        String userPassword = input.next();
        user.setUserID(userId);
        user.setUserName(userName);
        user.setUserPassword(userPassword);

        if(userBus.register(user)){
            System.out.println("Regist is successful");
        }
        else{
            System.out.println("Regist is failed");
        }
    }

}
```

💬 **实现方法**

按照上述步骤实施即可。程序运行结果如图 8-3 所示。

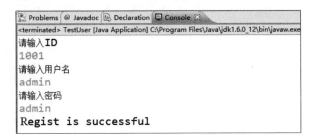

图 8-3　程序运行结果

思考与练习

理论题

1. 请写出通过 JDBC 连接数据库的步骤。
2. 请自己创建一个数据库，并编写程序测试连接是否成功。
3. 请写出 Statement 和 PreparedStatement 的区别。
4. 请画出 try…catch…finally 语句执行过程的流程图，要考虑所有情况。
5. 请写出你对 DAO 模式的理解。
6. 请写出分层开发的优势。
7. 请写出实体类的作用及特征。
8. 请写出分层开发的主要步骤。

实训题

1. 使用 PreparedStatement 接口完成本章任务 2 的其他操作，如删除、更新等。
2. 请编程完成本章任务 3 的登录功能。

第 9 章　文件和输入输出流

项目导读

　　本章包含 3 个任务，任务 1 带你学习文件相关操作；任务 2 带你学习字节流相关操作；任务 3 带你学习字符流相关操作。

教学目标

- 掌握文件系统操作的常用类和方法；
- 掌握字节流的概念和常用操作方法；
- 掌握字符流的概念和常用操作方法；
- 掌握转换流的概念和常用操作方法。

任务1　文件

任务描述

设计一个程序，将某个目录下的所有文件夹和文件以树型结构打印出来。

任务要求

正确遍历目录下的所有文件夹和文件，并在控制台输出结果。

知识链接

1. File 类概述

File 类用于文件和目录管理，可以对文件和目录进行列举、删除、新建、属性查看、设置等操作，不能对文件的内容进行读写。使用 File 类时需要引入 java.io 包。

2. File 类的构造方法

常用的 File 类构造方法有 3 种格式：

- File(String pathname)：通过给定路径名字符串创建一个新的 File 对象。
- File(String parent, String child)：根据 parent 路径名字符串和 child 路径名字符串创建一个新的 File 对象。
- File(File parent, String child)：根据 parent 父文件对象和 child 路径名字符串创建一个新的 File 对象。

File 对象既可以表示一个目录，也可以表示一个文件。案例 9-1 分别构造指向文件和目录的 File 对象，并对 3 个构造函数进行测试。

案例 9-1　File 类构造方法测试。

```
package cn.cqvie.chapter09.exam1;
import java.io.*;
public class Test{

    public static void main(String[] args){

        File dir1=new File("d:");
        File dir2=new File("d:","test");
        File dir3=new File(dir1,"test");
        File f1=new File("d:\\test\\1.txt");        // 等价于 File f1=new File("d:/test/1.txt");
        File f2=new File(dir3,"1.txt");
        System.out.println(dir1.getPath());         // 输出构造好的 File 对象的路径
        System.out.println(dir2.getPath());
        System.out.println(dir3.getPath());
```

案例 9-1 的实现

```
System.out.println(f1.getPath());
System.out.println(f2.getPath());
    }
}
```

程序运行后输出的结果如图 9-1 所示。

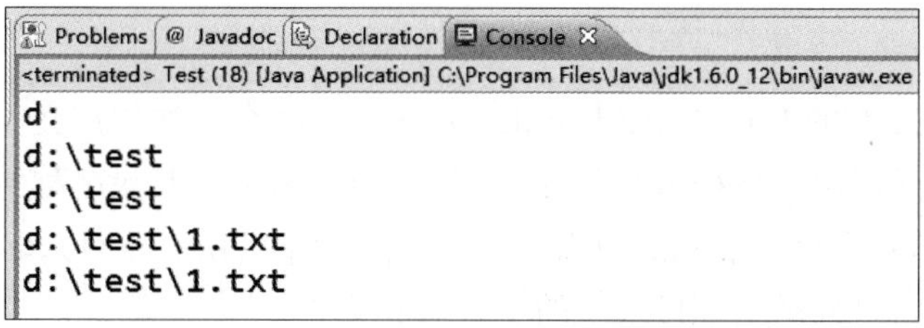

图 9-1　File 类的构造方法测试

3. File 类的常用方法

（1）boolean exists()：判断文件或目录是否存在，存在返回 true，不存在返回 false。

（2）String getName()：得到文件或目录的名称。

（3）String getParent()：得到文件父目录的名称。

（4）String getPath()：得到完整的相对路径。

（5）String getAbsolutePath()：得到完整的绝对路径。用下面的一段程序说明此方法与
getPath() 方法的区别。

```
File dir1=new File("/test");
System.out.println(dir1.getPath());
System.out.println(dir1.getAbsolutePath());
```

由于当前路径在 d 盘，所以上述程序的输出结果为

```
\test
d:\test
```

（6）boolean isDirectory()：判断是否为一个目录，是则返回 true，否则返回 false。

（7）boolean isFile()：判断是否为一个文件，是则返回 true，否则返回 false。

（8）long length()：得到文件以字节为单位的长度。

（9）boolean canRead()：判断文件是否可读，可读返回 true，否则返回 false。

（10）boolean canWrite()：判断文件是否可写，可写返回 true，否则返回 false。

（11）boolean isHidden()：判断是否为隐藏文件，是则返回 true，否则返回 false。

（12）long lastModified()：得到文件最后一次修改的时间，是 1970 年 1 月 1 日
00:00:00 GMT 的毫秒数。

（13）boolean setReadOnly()：将文件设置为只读。

（14）boolean renameTo(File dest)：用于修改文件名字（重命名），其语法格式如下：

```
fileObj.renameTo(File dest)
```

重命名成功返回 true，失败返回 false。该方法不能进行移动文件的操作。

（15）boolean delete()。删除文件或目录，成功返回 true，否则返回 false。删除目录时，要保证里面没有子目录或子文件。

（16）boolean mkdir()。创建此路径名指定的目录，成功返回 true，失败返回 false。

（17）boolean mkdirs()。创建此路径名指定的目录，包括创建必需的但不存在的父目录，成功返回 true，失败返回 false。

4. 文件的列举

列举文件用 File 类的 list 方法或 listFiles 方法，这两个方法的定义如下：

String[] list()：返回由此路径名对应目录下的文件名称和子目录名称组成的字符串数组。

File[] listFiles()：返回一个 File 数组，表示此目录下的所有子目录名称和文件名称。

案例 9-2 演示如何列举某个目录下的子目录和文件。

案例 9-2　列举子目录和文件。

```java
package cn.cqvie.chapter09.exam2;
import java.io.*;
public class FileTest{
    public static void main(String[] args){
        File dir=new File("d:/test");
        File[] f=dir.listFiles();                    // 获得所有子目录和文件构成的 File 数组
        String tag;
        for(int i=0;i<f.length;i++){
            if(f[i].isDirectory()) tag="[dir]";      // 目录前加 [dir] 标志
            else tag="";
            System.out.println(tag +f[i].getAbsolutePath());
        }
    }
}
```

⊙ 实现方法

1. 功能分析

文件的组织结构是树型结构。显示目录树，本质上是对多叉树进行遍历。多叉树的遍历有递归算法和非递归算法两种。本任务用堆栈辅助实现非递归算法。

为保存当前访问到的树节点信息，构造一个 FileInfo 类进行辅助，该类包含当前的 File 对象、当前目录的顺序号和当前目录的级别。

2. 实施步骤

通过分析，我们通过以下步骤实现功能。

（1）编写存放文件节点信息的类 FileInfo。

```java
package cn.cqvie.chapter09.project1;

import java.io.*;
import java.util.*;
```

```
class FileInfo{

    private File fp;                                // 当前节点对应的 File 对象
    private int index;                              // 访问到的子文件序号
    private int level;                              // 当前节点的级别
    public FileInfo(File fp,int index,int level){
        this.fp=fp;
        this.index=index;
        this.level=level;
    }
    public File getFile() {
        return fp;
    }
    public int getIndex() {
        return index;
    }
    public int getLevel() {
        return level;
    }
    public void setIndex(int index) {
        this.index=index;
    }
}
```

（2）编写测试类。

```
package cn.cqvie.chapter09.project1;

import java.io.*;
import java.util.*;

public class Test{

    private static void treeView(String path){
        File f=new File(path);
        if(f.isFile()) {                            //path 为一个文件，无须继续遍历
            System.out.println(f.getName());
            return;
        }
        Stack<FileInfo> stk=new Stack<FileInfo>();  // 建立一个空的堆栈
        int i,j;
        boolean foundDir;                           // 存在子目录的标志
        FileInfo finfo=new FileInfo(f,0,0);
        stk.push(finfo);                            // 将根节点入栈
        while(!stk.empty()) {
            finfo=stk.peek();                       // 获取栈顶元素（不弹出）
            f=finfo.getFile();
            foundDir=false;
            // 从上一次处理到的顺序号开始，继续考查后续子节点
            for(i=finfo.getIndex();!foundDir && i<f.listFiles().length;i++){
            // 根据级别进行缩进（前面加空格）
```

```
            for(j=0;j<finfo.getLevel();j++)
                System.out.print("  ");
            System.out.print(f.listFiles()[i].getName());        // 打印当前节点
            if(f.listFiles()[i].isDirectory()){                  // 当前节点为目录
                System.out.print(" *");                          // 打印目录标志
                finfo.setIndex(i+1);
                stk.push(new FileInfo(f.listFiles()[i],0,
                    finfo.getLevel()+1));                         // 子目录入栈
                foundDir=true;
            }
            System.out.println();                                // 换行
        }
        if(!foundDir)
            stk.pop();                                           // 没有下级子文件夹，当前文件夹出栈
        }
    }
    public static void main(String[] args){
        treeView("d:\\test");
    }
}
}
```

（3）运行程序，查看结果。程序的运行结果如图 9-2 所示。

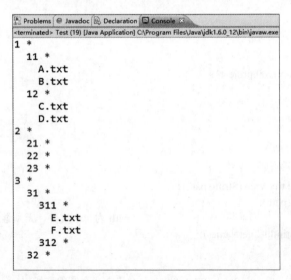

图 9-2　显示目录树

任务 2　字节流

🔍 任务描述

编程实现文件内容复制。

任务要求

正确实现文件复制，并在控制台输出结果。

知识链接

1. 流的概念和分类

Java 中的流（Stream）代表任何有能力输出数据的输出源，或是任何有能力接收数据的接收源。键盘输入，文件读出、写入，网络接收、发送，显示器输出，打印机输出，都可以抽象为数据"流"。

Java 中流的数量比较多，分类的方式主要有 3 种：

（1）根据数据传输方向的不同，分为输入流和输出流。

（2）根据处理数据的单位不同，分为字节流和字符流。字节流读取（或写入）的最小单位是一个字节；而字符流读取（或写入）的最小单位是一个字符。

（3）根据功能的不同，分为节点流和处理流（也称过滤流）。节点流可以直接通过一个特定的地方（如磁盘、内存或其他设备）读写数据；处理流对一个已存在的流进行连接和封装，其构造方法要带一个其他的流对象作为参数。

Java 中负责字节输入和输出的顶层抽象流类是 InputStream 和 OutputStream。

2. InputStream

所有的字节输入流类都属于 InputStream 的子类，为了更抽象，InputStream 类只提供了少量方法，这些方法如下所述。

（1）available。该方法得到可读取的输入字节数，定义如下：

```
int available() throws IOException
```

（2）read。该方法用于读取数据，有以下几种使用方式。

1）从输入流中读取下一个数据字节，如果已到文件尾就返回 -1。

```
abstract int read() throws IOException
```

2）从输入流中读取一定数量的字节并将其存储在缓冲区数组 b 中，返回实际读取的字节数，如果已到文件尾就返回 -1。

```
int read(byte[] b) throws IOException
```

3）将输入流中最多 len 个数据字节读入字节数组，并从 offset 指定的下标开始存放，如果已到文件尾就返回 -1，否则返回实际读取的字节数。

```
int read(byte[] b, int offset, int len) throws IOException
```

（3）skip。该方法在输入流中跳过指定的字节数，并返回实际跳过的字节数，定义如下：

```
long skip(long n) throws IOException
```

（4）close。该方法关闭输入流并释放与此有关的所有系统资源，定义如下：

```
void close() throws IOException
```

3. FileInputStream

FileInputStream（文件输入流）类是 InputStream 类的子类，用于以字节方式读取文件内容，一般用下面两种形式的构造方法构造 FileInputStream 对象。

1）通过打开一个到实际文件的连接来创建 FileInputStream 对象，该文件通过 File 对象指定。

```
FileInputStream(File file)
```

2）通过打开一个到实际文件的连接来创建 FileInputStream 对象，该文件通过路径名 name 指定。

```
FileInputStream(String name)
```

下面演示文件输入流的使用。

案例 9-3　以字节方式读文件。

```java
import java.io.*;
public class ReadTest {
    public static void main(String[] args) {
        try {
            byte[] b=new byte[100];                    // 数据缓存
            int n;
            InputStream is=new FileInputStream("d:\\abc.txt");
            while((n=is.read(b))!=-1)                  //n 表示实际读取到的字节数
            {
                for(int i=0;i<n;i++)
                    System.out.print((char)b[i]);      // 转换成字符显示
            }
            is.close();                                // 关闭流
        } catch (Exception e) {
            e.printStackTrace();
        }
    }
}
```

提醒：任何文件都由字节构成，可以用 read 方法分块读取文件内容并存放到字节数组中。read 方法的返回值表示实际读取到的字节数，如果为 -1，表示文件内容已经读取完毕。只有包含英文字母、数字、英文符号的文本文件内容才能以字节方式读取并显示，其他格式的文件用这种方法显示会产生乱码。

4. FileOutputStream

FileOutputStream 类是 OutputStream 类的子类，用于以字节方式写入数据流到文件，一般用下面 4 种形式构造 FileOutputStream 对象。

1）创建一个向指定的 File 对象表示的文件中写入数据的文件输出流。

```
FileOutputStream(File file)
```

2）创建一个向指定的 File 对象表示的文件中写入数据的文件输出流，append 参数为 true 表示在末尾追加数据。

FileOutputStream(File file, boolean append)

3）创建一个向具有指定名称的文件中写入数据的文件输出流。

FileOutputStream(String name)

4）创建一个向具有指定名称的文件中写入数据的文件输出流，append 参数为 true 表示在末尾追加数据。

FileOutputStream(String name, boolean append)

案例 9-4　将字节数据写入文件。

```java
import java.io.*;
public class write {
    public static void main(String[] args) {
        try {
            String s="Hello!";
            byte[] b=s.getBytes();              // 将字符串转换为字节数组
            OutputStream os=new FileOutputStream("d:\\abc.txt");
            os.write(b);                        // 写入 "Hello!"
            os.write(97);                       // 写入字母 a
            os.write(98);                       // 写入字母 b
            os.close();
            System.out.println(" 写入文件成功 !");
        } catch (Exception e) {
            e.printStackTrace();
        }
    }
}
```

实现方法

1. 功能分析

文件复制涉及两个文件，因此要同时打开一个文件输入流和一个文件输出流。输入流先从文件 A 中读取数据，存入字节数组中，输出流再将字节数组中的数据写入文件 B，这样循环进行，直到全部数据复制完毕。

2. 实施步骤

通过分析我们可以编写以下代码实现功能。

（1）编写测试类 CopyFile。

任务 9-2 的实现

```java
package cn.cqvie.chapter09.project2;

import java.io.*;
public class FileCopy {

    static void copy(String src,String dest){
        byte[] b=new byte[2048];            // 缓冲区大小为 2KB
        int n;
```

```
try{
    InputStream is=new FileInputStream(src);
    OutputStream os=new FileOutputStream(dest);
    while((n=is.read(b))!=-1)              // 通过 InputStream 读取数据到字节数组 b
        os.write(b,0,n);                   // 将字节数组 b 中的数据通过 OutputStream 写入文件
    is.close();
    os.close();
    System.out.println("文件复制成功！");
}
catch(IOException e) {
    System.out.print(e.getMessage());
}
}

public static void main(String[] args) {

    copy("d:\\1.jpg","d:\\2.jpg");
}
}
```

（2）调试运行，显示结果。该程序将图像文件"d:\1.jpg"复制到图像文件"d:\2.jpg"，运行程序后用看图软件查看复制后的图像是否正确。

任务 3　字符流

任务描述

编程实现文本文件编码转换，将 GBK 编码转换为 UTF-8 编码。

任务要求

正确实现文本文件编码转换，并将结果输出到控制台。

知识链接

1. 字符流概述

与字符输入输出相关的 Reader 类、Writer 类及其子类主要是为了方便字符的读写。字符在文件中存储或在网络中传输时，常用的编码有 GB2312、GBK、Unicode、UTF-8 等，这些编码中，一个字符对应若干个字节，但编程人员希望能读写完整的字符，而不是自己将一个个字节进行拼凑。

作为一个成熟完善的应用开发平台，Java 提供了字符读写功能，使字符数据的输入输出变得简单。

2. Reader 抽象类

Reader 类是所有字符输入流的父类，该类定义了以字符为单位读取数据的基本方法，并在其子类中实现。该类主要定义了下面 3 个方法。

（1）read。该方法进行了重载，有以下 3 种形式。

1）读取单个字符，返回值可以强制转为 char 类型，格式如下：

int read() throws IOException

2）将字符读入字符数组，格式如下：

int read(char[] cbuf) throws IOException

3）将字符读入数组 cbuf 的某一部分，offset 为开始存储字符处的偏移量，len 为要读取的最多字符数。该方法返回实际读取到的字符数，格式如下：

abstract int read(char[] cbuf, int offset, int len) throws IOException

（2）skip。该方法在读取时跳过若干个字符，定义为：

public long skip(long n) throws IOException

（3）close。该方法关闭输入流，定义为：

public abstract void close() throws IOException

3. FileReader

FileReader 类用于读取操作系统默认编码的文本文件（在简体中文系统下，ANSI 编码代表 GBK 编码）。例如，当保存记事本文档时，默认选项就是 ANSI（即 GBK 编码），如图 9-3 所示。

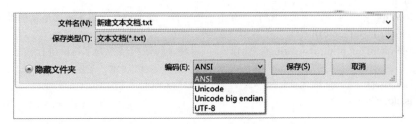

图 9-3　保存记事本文档时的默认编码

例如，d:\test\1.txt 是一个存储为 ANSI 编码（即操作系统默认编码）格式的文本文件，可以用 FileReader 读取并显示，具体见案例 9-5。

案例 9-5　读取用系统默认编码保存的文本文件。

```java
import java.io.*;

public class TestFileReader{

  public static void main(String[] args){

    char[] c=new char[1024];                // 数据缓冲区
    int n;
    try{
```

```
            FileReader fr=new FileReader("d:\\test\\1.txt");
            while((n=fr.read(c))!=-1)
              System.out.print(new String(c,0,n));        // 将字符数组转换为字符串进行显示
            fr.close();
          }
        catch(IOException e) {System.out.print(e.getMessage()); }
      }
    }
```

4. InputStreamReader

InputStreamReader 类和 FileInputStream 类配合使用，可以实现更强大的文本文件读取功能，适用于各种编码的文本文件。

案例 9-6 演示对 "UTF-8" 编码的文本文件进行读取。运行程序前，先用记事本编辑一个文本文件，并将其保存为 "d:\test\1.txt"，保存文件时选择的编码为 "UTF-8"。

案例 9-6　读取用 UTF-8 编码保存的文本文件。

```
import java.io.*;
public class TestInputStreamReader{

    public static void main(String[] args){
      try{
        FileInputStream is=new FileInputStream("d:\\test\\1.txt");         // 打开字节流
        InputStreamReader isr=new InputStreamReader(is,"UTF-8");         // 设置字符编码
        char[] c=new char[1024];        // 数据缓冲区
        int n;
        isr.skip(1);                    // 丢弃第一个字符，该字符是记事本程序所加的编码识别标志
        while((n=isr.read(c))!=-1)
          System.out.print(new String(c,0,n));        // 将字符数组转换为字符串进行显示

        isr.close();
        is.close();
      }
      catch(IOException e) {
        System.out.print(e.getMessage());
      }
    }
}
```

提醒：FileInputStream 属于字节输入流，是可以对磁盘文件进行读写的字节输入流；InputStreamReader 对 FileInputStream 进行包装，属于转换流，可以把字节输入流转换为字符输入流。

5. Writer 抽象类

Writer 类是所有字符输出流的父类，该类定义了以字符为单位写入数据的基本方法，并在其子类中实现。该类主要定义下面三个方法。

（1）Write。该方法进行了重载，有下面 5 种形式。

1）写入单个字符，格式如下：

```
void write(int c)  throws IOException
```

2）写入字符数组，格式如下：

```
void write(char[] cbuf)  throws IOException
```

3）写入字符数组的某一部分，格式如下：

```
abstract void write(char[] cbuf, int off, int len) throws IOException
```

4）写入字符串，格式如下：

```
void write(String str)  throws IOException
```

5）写入字符串的某一部分，格式如下：

```
void write(String str, int off, int len) throws IOException
```

（2）flush。该方法输出缓冲区中的数据，并将其立即写入目标设备。

（3）close。该方法关闭输出流。

6. FileWriter

FileWriter 类以操作系统默认编码格式将字符写入文本文件，具体见案例 9-7。

案例 9-7　　用操作系统默认编码将字符写入文本文件中。

案例 9-7 的实现

```java
import java.io.*;
public class TestFileWriter{

    public static void main(String[] args){
        try{
            FileWriter fw=new FileWriter("d:\\test\\1.txt");
            String s=" 路漫漫其修远兮，吾将上下而求索。";
            fw.write(s);
            fw.close();
            System.out.println（"文件写入成功 !!!"）;
        }
        catch(IOException e) { System.out.print(e.getMessage()); }
    }
}
```

将字符写入文本文件后，用记事本打开进行查看，可以发现文件是以系统默认编码（ANSI）保存的。

7. OutputStreamWriter

OutputStreamWriter 类和 FileOutputStream 类配合使用，可以设置字符写入文本文件时的编码格式，具体见案例 9-8。

案例 9-8　　用 UTF-8 编码将字符写入文本文件中。

```java
import java.io.*;
public class TestOutputStreamWriter {

    public static void main(String[] args){
        try{
```

```
        FileOutputStream os=new FileOutputStream("d:\\test\\1.txt");
        OutputStreamWriter osw=new OutputStreamWriter(os,"UTF-8");
        String s=" 路漫漫其修远兮，吾将上下而求索。 ";
        osw.write(s);
        osw.close();
        os.close();
      }
      catch(IOException e) {}
    }
}
```

将字符写入文本文件后，用记事本打开进行查看，可以发现文件是以 UTF-8 编码保存的。

8. 缓冲读写

BufferedReader 和 BufferedWriter 为带缓冲区的字符输入流和字符输出流，缓冲区默认大小为 8192 个字符。用 BufferedReader 读取时，先把字符读到缓存区里，待缓存区满了或者主动调用 flush 方法的时候，再读入内存；用 BufferedWriter 写入时，先把字符写入缓存区，待缓存区满了或者主动调用 flush 方法的时候，再写入目标设备（如磁盘）。

（1）BufferedReader 的构造方法定义如下：
● 创建一个使用默认大小缓冲区的字符输入流。

BufferedReader(Reader in)

● 创建一个使用指定大小缓冲区的字符输入流。

BufferedReader(Reader in, int sz)

（2）BufferedWriter 的构造方法定义如下：
● 创建一个使用默认大小缓冲区的缓冲字符输出流。

BufferedWriter(Writer out)

● 创建一个使用指定大小缓冲区的新缓冲字符输出流。

BufferedWriter(Writer out, int sz)

案例 9-8 在输出流的基础上增加缓冲写入功能。

案例 9-8 字符输出流缓冲写入文本文件。

```
import java.io.*;
public class testBufferedWriter {
  public static void main(String[] args){
    try{
      FileOutputStream os=new FileOutputStream("d:\\test\\1.txt");
      OutputStreamWriter osw=new OutputStreamWriter(os,"UTF-8");
      BufferedWriter bw=new BufferedWriter(osw);
      String s=" 路漫漫其修远兮，吾将上下而求索。 ";
      bw.write(s);
      bw.flush();                        // 调用 flush，将缓存区中的数据写入硬盘
      bw.close();
      osw.close();
```

```
      os.close();
    }
    catch(IOException e) { }
  }
}
```

　　一些文本文件是按行来存放信息的，读取时也需要按行来读，BufferedReader 提供的 readLine 方法此时可以派上用场，具体见案例 9-9。

　　案例 9-9　按行读取文本文件。

```
import java.io.*;
public class TestBufferedReader {
  public static void main(String[] args) {
    try {
      InputStream is=new FileInputStream("d:\\test\\1.txt");
      InputStreamReader isr=new InputStreamReader(is);
      BufferedReader br=new BufferedReader(isr);
      String s;
      while((s=br.readLine())!=null) {          //readLine 返回 null 表示结束
        System.out.println(s);                  // 处理一行字符
      }
      br.close();
      isr.close();
      is.close(),
    } catch (Exception e) {
      e.printStackTrace();
    }
  }
}
```

案例 9-9 的实现

9. 随机文件读写

　　和流式文件读写相比，随机文件的读写具有定位灵活的特点。在随机读取方式下，可以把文件指针定位到某个位置（位置的计算从 0 开始），再读写若干字节。Java 中使用 RandomAccessFile 类进行随机文件的读写。

　　RandomAccessFile 类的构造方法定义如下：

```
public RandomAccessFile(File file,String mode) throws FileNotFoundException
public RandomAccessFile(String name,String mode) throws FileNotFoundException
```

　　构造方法的第一个参数可以是 File 对象或用字符串表示的文件路径，第二个参数表示打开文件的方式，可以选择 "r"（只读）或 "rw"（读写）。

　　RandomAccessFile 类的常用方法如下所述。

　　（1）seek。该方法定位文件指针，定义为：

```
public void seek(long pos) throws IOException
```

　　（2）getFilePointer。该方法返回文件指针的位置，定义为：

```
public long getFilePointer() throws IOException
```

（3）length。该方法返回文件的长度，定义为：

```
public long length() throws IOException
```

（4）close。该方法关闭文件并释放所占资源，定义为：

```
public void close() throws IOException
```

（5）读取数据。以 read 开头的方法从文件中读取不同类型的数据，具体可以参考 Java API 手册。

（6）写入数据。以 write 开头的方法向文件中写入不同类型的数据，具体可以参考 Java API 手册。

实现方法

1. 功能分析

进行编码转换时，打开文件 A 并得到一个文件输入流（FileInputStream），用输入流读取器（InputStreamReader）根据 GBK 编码格式读取若干字节，并将其存入字符数组 c 中；同时打开文件 B 得到一个文件输出流，用输出流写入器（OutputStreamWriter）根据 UTF-8 编码格式将字符数组 c 中的数据写入另外一个文件。如此循环进行，直到全部数据转换完毕。

2. 实现步骤

通过分析我们编写以下代码实现功能。

（1）编写编码转换测试类 CodeConvert，代码如下：

```java
import java.io.*;

public class CodeConvert{

    static void convert(String src,String dest){

        try{                                          // 来源文件为 GBK 编码
            FileInputStream is=new FileInputStream(src);
            InputStreamReader isr=new InputStreamReader(is,"GBK");
            BufferedReader br=new BufferedReader(isr);         // 读取缓冲区
            // 目标文件为 UTF-8 编码
            FileOutputStream os=new FileOutputStream(dest);
            OutputStreamWriter osw=new OutputStreamWriter(os,"UTF-8");
            BufferedWriter bw=new BufferedWriter(osw);         // 写入缓冲区

            char[] c=new char[1024];                  // 数据中转用的字符数组
            int n;
            while((n=br.read(c))!=-1)                  // 以 GBK 编码读取
                bw.write(c,0,n);                       // 以 UTF-8 编码写入
```

```
        bw.flush();
        br.close();
        isr.close();
        is.close();
        bw.close();
        osw.close();
        os.close();
        System.out.println("编码转换成功 !!!");
      }
      catch(IOException e) { }
    }

  public static void main(String[] args)
    {
      convert("d:\\test\\1.txt","d:\\test\\2.txt");
    }
}
```

（2）调试运行，显示结果。首先在"d:\test"目录创建文本文件"1.txt"，并添加文件内容，以"ANSI"格式保存，然后运行程序，用记事本打开"2.txt"文件，查看编码格式。

思考与练习

理论题

1. 要判断 d 盘下是否存在文件 abc.txt，应该使用的语句是（　　　）。

   A．if(new File("d:abc.txt") .exists() = =1)

   B．if(File.exists("d:abc.txt") = =1)

   C．if(new File("d:/abc.txt").exists())

   D．if(File.exists("d:/abc.txt"))

2. 以下关于 File 类说法正确的是（　　　）。

   A．File 对象代表了操作系统中的一个真实存在的文件或文件夹

   B．可以使用 File 对象创建或删除一个文件

   C．可以使用 File 对象创建或删除一个文件夹

   D．当一个 File 对象被回收时，系统中对应的文件或文件夹也被删除

3. 以下是创建 File 对象的代码，错误的是（　　　）。

   A．File f1=new File("/mydir/myfile.txt");

   B．File f2=new File("/mydir","myfile.txt");

   C．File f3=new File("\\mydir\\myfile.txt");

   D．File f4=new File("\mydir\myfile.txt");

4．下列说法正确的是（　　　）。

    A．输入流包含 write 方法   B．输出流包含 read 方法

    C．输出流包括 skip 方法   D．输入流包括 skip 方法

5．判断文件输入流是否结束的标志是（　　）。

    A．read 方法的返回值为 0   B．write 方法的返回值为 0

    C．read 方法的返回值为 -1   D．write 方法的返回值为 -1

6．FileOutputStream 的父类是（　　　）。

    A．FileOutput   B．File   C．OutputStream   D．InputStream

7．下述属于输入流的一项是（　　　）。

    A．从内存流向硬盘的数据流   B．从键盘流向内存的数据流

    C．从键盘流向显示器的数据流   D．从网络流向显示器的数据流

8．下列的流中哪一个使用了缓冲区技术？（　　　）。

    A．DataOutputStream   B．FileInputStream

    C．BufferedOutputStream   D．FileReader

9．下列关于流类和 File 类的说法中错误的一项是（　　　）。

    A．File 类可以重命名文件   B．File 类可以修改文件内容

    C．流类可以修改文件内容   D．流类不可以新建目录

10．使用字符流可以成功复制哪些文件？（　　　）。

    A．文本文件   B．图片文件   C．视频文件   D．以上都可以复制

11．File 对象调用 ＿＿＿＿＿ 方法创建一个目录。

12．能获得文件对象父路径名的方法是 ＿＿＿＿＿。

13．判断文件或目录是否存在用 ＿＿＿＿＿ 方法。

14．对于 FileInputStream，从方向上来分，它是 ＿＿＿＿＿ 流；从数据单位上分，它是 ＿＿＿＿＿ 流；从功能上分，它是 ＿＿＿＿＿ 流。

15．int read(byte[] b) 方法返回值表示 ＿＿＿＿＿，参数表示 ＿＿＿＿＿。

16．如果使用 FileOutputStream(String path, boolean append) 这个构造方法创建对象，并设置第二个参数值为 true，则效果为 ＿＿＿＿＿。

17．InputStreamReader 类的 ＿＿＿＿＿ 方法可以每次读取一行字符。

18．Java 语言提供处理不同类型流的类所在的包是 ＿＿＿＿＿。

19．字符类输入流都继承自 ＿＿＿＿＿ 类，字符类输出流都继承自 ＿＿＿＿＿ 类。

20．流使用完毕后，要调用 ＿＿＿＿＿ 方法关闭。

实训题

1．查找某个目录下所有扩展名为"txt"的文件，并将文件的完整路径显示在屏幕上。

2．统计某个目录下每种类型文件的个数（文件类型根据扩展名来区别），并将转置矩阵将统计结果显示在屏幕上。

3．生成杨辉三角的前 8 行，并将数值写入文本文件"yh.txt"中，要求用记事本打开

能看到正确的数值和形状。

4. 文本文件 A 中存放了矩阵的行数、列数和内容，求该矩阵的转置矩阵，并将转置矩阵按同样的格式存入另一个文本文件 B 中。例如：

转置前（文件 A）：	转置后（文件 B）：
2,3	3,2
1,2,3	1,4
4,5,6	2,5
	3,6

5. 文本文件 A 中存放了若干个学生的成绩，要求将成绩按从高到低排序后，将排序好的成绩存入文件 B 中。文件 A 的格式如下：

01, 张三 ,72

02, 李四 ,80

03, 王五 ,75

04, 赵六 ,90

第 10 章　多线程

项目导读

本章包含 3 个任务，任务 1 带你学习线程的实现；任务 2 带你学习线程的状态与线程的常用方法；任务 3 带你学习线程同步解决抢票程序存在 bug 的问题。

教学目标

- 能了解进程和线程的概念；
- 能理解多线程的优点和缺陷；
- 能正确掌握线程的定义的两种形式；
- 能正确掌握线程的状态和常用方法；
- 能正确理解线程中锁的概念；
- 能正确解决线程同步问题；
- 能理解线程死锁产生的原因；
- 能理解并掌握生产者和消费者模型。

任务 1　线程的实现

任务描述

模拟多线程卖票程序（车票作为共享资源的方式）。

任务要求

正确使用多线程实现卖票程序，并在控制台正确输出结果。

知识链接

1. 进程和线程的概念

线程的概念来源于计算机操作系统"进程"的概念。

进程是一个程序关于某个数据集的一次运行。也就是说，进程是运行中的程序，是程序的一次运行活动。大家可以打开操作系统的"任务管理器"，在其中的进程选项查看系统正在运行的进程。

线程就是进程中一个负责程序运行的控制单元（执行路径）。一个进程中可以有多条执行路径，称为多线程。一个进程中至少要有一个线程。

每一个线程都有自己运行的内容。这个内容可以称为线程要执行的任务。开启多个线程的目的是为了同时运行多部分代码。

所有的程序员都熟悉顺序程序的编写，如我们编写求三角形的三条边长之和的程序就是顺序程序。顺序程序都有开始、执行序列和结束三部分，在程序运行的任何时刻，只有一个执行点。线程（Thread）则是进程中的一个单个的顺序控制流。单线程的概念很简单，单线程程序示意图如图 10-1 所示。

多线程（Multi-thread）指在单个程序内可以同时运行多个不同的线程以完成不同的任务。图 10-2 所示是一个程序中同时有两个线程在运行。

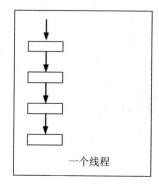

图 10-1　单线程程序示意图

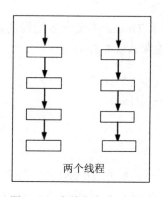

图 10-2　多线程程序示意图

有些程序中需要多个控制流并行执行，以下程序段则无法实现两个循环同时执行。

```
for(int i = 0; i < 100; i++)
    System.out.println("Runner A = " + i);
for(int j = 0; j < 100; j++ )
    System.out.println("Runner B = "+j);
```

上面的代码段中（单线程），前一个循环如果不执行完，那么就不可能执行第二个循环。要使两个循环同时执行，需要编写多线程的程序。

2. 多线程的优缺点

如果能一次只做一件事，并把它做好，那当然不错。但万事万物并非如此，人体一直在并发地做许多事情。如：人可以并发地进行呼吸、血液循环、消化食物等活动；所有感觉器官（视觉、触觉、嗅觉）均能并发工作。计算机也能并发工作，我们在计算机上一边编程一边打印，已经是很平常的事了。

很多应用程序是用多线程实现的，如 360 安全卫士软件。我们打开 360 安全卫士软件后，可以"扫描系统漏洞"，也可以同时"清理系统垃圾文件"，还可以同时扫描病毒和杀毒。这就是典型的多线程应用程序，即看上去在同一时刻运行多个程序，即可以同时做多件事情。

注意：多线程的优势主要有：

● 减轻编写交互频繁、涉及面多的程序的困难。

● 程序的吞吐量会得到改善。

● 有多个处理器的系统，可以并发运行不同的线程（否则，任何时刻只能有一个线程在运行）。

换句话说，多线程最大的优势是多部分代码可以同时运行。

但是应用程序的执行都是通过 CPU 的快速切换完成的。这个切换是随机的，是由时间片来进行的。即在同一个时间点，只能执行一个程序。所以当系统同时开启多个应用程序后，每个应用程序被切换的概率就下降了，因此效率也就下降了。

3. 使用继承 Thread 类方式实现多线程

Thread 类是 java.lang 包中定义的，一个类只要继承了 Thread 类，就成了多线程操作类。在 Thread 类的子类中，必须明确地重写 Thread 类中的 run() 方法，此方法为线程的主体，即线程的任务。

通过继承 Thread 类实现多线程的语法格式如下：

```
class 类名称 extends Thread{         // 继承 Thread 类
    属性…;                          // 定义属性
    方法…;                          // 定义方法
    public void run(){              // 重写 run() 方法
        ……                         // 线程主体（线程任务）
    };
}
```

案例 10-1　继承 Thread 类实现多线程（一）。

（1）定义 Thread 线程的子类 MyThread，代码如下：

```
package cn.cqvie.chapter10.exam1;

public class MyThread extends Thread{          // 继承 Thread 类
  private String name;                          // 定义一个属性
  // 定义构造方法
  public MyThread(String name) {
    this.name = name;
  }
  public void run(){                            // 重写父类中的 run() 方法
    for(int i=0;i<5;i++){
      System.out.println(name+" 运行, 此时 i="+i);
    }
  }
}
```

上述代码中，在 MyThread 类中定义了私有的成员变量 name 和一个参数的构造方法 public MyThread(String name)，并重写了父类的 run() 方法。

（2）定义一个功能测试类 ThreadTest1，在该类的 main() 方法中定义两个 MyThread 类的对象，并调用对象的 run() 方法，代码如下：

```
package cn.cqvie.chapter10.exam1;

public class ThreadTest1 {
  /**
   * 测试 MyThread 对象的 run() 方法
   */
  public static void main(String[] args) {
    MyThread mt1=new MyThread(" 线程 A");       // 实例化一个线程对象 mt1
    MyThread mt2=new MyThread(" 线程 B");       // 实例化一个线程对象 mt2
    mt1.run();
    mt2.run();
  }
}
```

（3）测试运行，显示结果如图 10-3 所示。

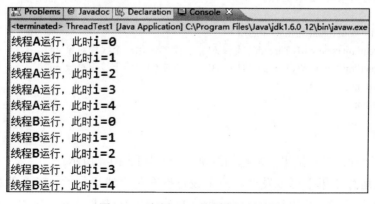

图 10-3 案例 10-1 的程序运行结果

181

多次执行程序后，通过观察程序的运行结果发现，程序始终是先执行完 mt1 对象之后再执行 mt2 对象，并没有出现我们预期的那样交错运行，也就是说，此时线程实际上并没有启动，还是属于顺序的执行方式。那么如何启动一个线程呢？

提醒：如果要正确地启动线程，是不能直接调用 run() 方法的，而应该是调用从 Thread 类中继承而来的 start() 方法。即要想启动一个线程，则需要执行线程对象的 start() 方法。具体请看案例 10-2。

案例 10-2 的实现

案例 10-2　继承 Thread 类实现多线程（二）。

（1）定义 Thread 线程的子类 MyThread，代码如下：

```
package cn.cqvie.chapter10.exam2;

public class MyThread extends Thread{          // 继承 Thread 类
    private String name;                        // 定义一个属性
    // 定义构造方法
    public MyThread(String name) {
        this.name = name;
    }
    public void run(){                          // 重写父类中的 run() 方法
        for(int i=0;i<5;i++){
            System.out.println(name+" 运行，此时 i="+i);
        }
    }
}
```

上述代码中，在 MyThread 类中定义了私有的成员变量 name 和一个参数的构造方法 public MyThread(String name)，并重写了父类的 run() 方法。

（2）定义一个功能测试类 ThreadTest2，在该类的 main() 方法中定义两个 MyThread 类的对象，并调用对象的 run() 方法，代码如下：

```
package cn.cqvie.chapter10.exam2;

public class ThreadTest2 {
    /**
     * 测试线程对象的 start() 方法。
     */
    public static void main(String[] args) {
        MyThread mt1=new MyThread(" 线程 A");     // 实例化一个线程对象 mt1
        MyThread mt2=new MyThread(" 线程 B");     // 实例化一个线程对象 mt2
        mt1.start();
        mt2.start();
    }
}
```

（3）测试运行，显示结果（可能的结果之一）如图 10-4 所示。

从程序的运行结果中可以发现，两个线程现在是交错运行的，哪个线程对象抢到了 CPU 资源，哪个线程就可以运行，因此程序每次的运行结果是不一样的。在线程启动时虽然调用的是 start() 方法，但实际上调用的却是 run() 方法，即执行的是线程的任务。

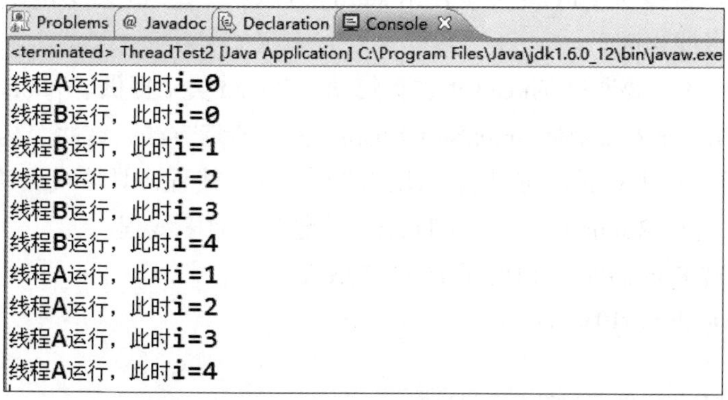

图 10-4　案例 10-2 的程序运行结果

重点：调用从 Thread 类中继承而来的 start() 方法可以启动一个线程，并自动运行线程中的 run() 方法。

4. 通过实现 Runnable 接口方式实现多线程

在 Java 中也可以通过实现 Runnable 接口的方式实现多线程。Runnable 接口中只定义了一个抽象方法：

```
public void run();
```

使用 Runnable 接口实现多线程的格式如下：

```
class 类名称 implements Runnable{          // 实现 Runnable 接口
  属性 …;                               // 定义属性
  方法 …;                               // 定义方法
  public void run(){                     // 重写 Runnable 接口中的 run() 方法
    线程主体                              // 线程任务
  }
}
```

下面使用此格式进行多线程的实现，即继承 Runnable 接口实现多线程，代码如下：

```
public class MyThread implements Runnable {

  private String name;
  public MyThread(String name){
    this.name=name;
  }
  @Override
  public void run() {
    for(int i=0;i<5;i++){
      System.out.println(name+" 运行，此时 i="+i);
    }
  }
}
```

以上代码通过实现 Runnable 接口实现多线程，但是这样一来就会有新的问题产生。

从前述的内容可以清楚地知道，要想启动一个多线程必须使用 start() 方法，如果继承了 Thread 类，则可以直接从 Thread 类中使用 start() 方法。但是现在实现的是 Runnable 接口，那么该如何启动多线程呢？

实际上，此时还是要通过 Thread 类进行启动，Thread 类中提供了 public Thread(Runnable target) 和 public Thread(Runnable target,String name) 两个构造方法。这两个构造方法都可以接收 Runnable 的子类实例对象，可以通过此方法来启动多线程，具体代码请看案例 10-3。

案例 10-3　通过 Runnable 接口与 Thread 类配合开启多线程。

（1）定义实现 Runnable 接口的子类 MyThread。

```
package cn.cqvie.chapter10.exam3;

public class MyThread implements Runnable {

    private String name;                          // 定义属性
    public MyThread(String name){                 // 定义带参数的构造方法
        this.name=name;
    }
    @Override
    public void run() {                           // 重写 Runnable 接口的 run() 方法
        for(int i=0;i<5;i++){
            System.out.println(name+" 运行，此时 i="+i);
        }
    }
}
```

案例 10-3 的实现

上述代码中，在 MyThread 类中定义了私有的成员变量 name 和一个参数的构造方法 public MyThread(String name)，并重写了 Runnable 接口中的 run() 方法。

（2）定义一个功能测试类 RunnableTest1，在该类的 main() 方法中定义两个 MyThread 类的对象和两个 Thread 类的实例，并调用这两个实例对象的 run() 方法，代码如下：

```
package cn.cqvie.chapter10.exam3;

public class RunnableTest1 {
    /**
     * 使用 Runnable 接口和 Thread 类启动多线程
     */
    public static void main(String[] args) {
        MyThread mt1=new MyThread(" 线程 A");
        MyThread mt2=new MyThread(" 线程 B");
        Thread t1=new Thread(mt1);
        Thread t2=new Thread(mt2);
        t1.start();
        t2.start();
    }
}
```

注意：代码"Thread t1=new Thread(mt1);"是将 Thread 对象 t1 与 Runnable 接口实现类的对象 mt1 相关联的关键语句。该语句表示：t1.start(); 语句执行后，t1 线程开始运行，t1 将自动调用 mt1 对象中的 run() 方法，而不是执行 t1 中默认的（即来自 Thread 类本身的）run() 方法。

（3）测试运行，显示结果（可能结果之一）如图 10-5 所示。

```
🖳 Console ⊠
<terminated> RunnableTest1 [Java Application] D:\Program Files (x86)\Java\jdk1.6.0_12\bin\javaw.exe
线程A运行，  此时i=0
线程B运行，  此时i=0
线程A运行，  此时i=1
线程B运行，  此时i=1
线程A运行，  此时i=2
线程B运行，  此时i=2
线程A运行，  此时i=3
线程B运行，  此时i=3
线程A运行，  此时i=4
线程B运行，  此时i=4
```

图 10-5　案例 10-3 的程序运行结果

重点：从以上两种实现方式可以发现，无论使用哪种方式，最终都必须依靠 Thread 类才能启动多线程。

实现方法

1. 分析题目

通过分析任务要求，可以使用以下方法完成本任务。

（1）定义实现 Runnable 接口的 MyThread 类，在该类中定义属性、构造方法，并重写 Runnable 接口的 run() 方法。

（2）定义测试类 RunnableTest2，测试程序的运行结果。

任务 10-1 的实现

2. 实施步骤

（1）定义实现 Runnable 接口的 MyThread 类，代码如下：

```
package cn.cqvie.chapter10.project1;

// 定义线程功能类 MyThread
public class MyThread implements Runnable {
    private int ticket=5;                          // 票数为 5 张
    @Override
    public void run() {
        for(int i=0;i<5;i++){
            if(ticket>0)
                System.out.println(Thread.currentThread().getName()+" 卖票，此时 ticket="+ticket);
```

```
            ticket=ticket-1
        }
    }

}
```

（2）定义测试类 RunnableTest2，测试程序的运行结果，代码如下：

```java
package cn.cqvie.chapter10.project1;

public class RunnableTest2 {
    /**
     * 演示继承 Thread 类，不能共享资源的例子
     */
    public static void main(String[] args) {
        MyThread mt=new MyThread();                  // 定义线程功能类对象
        Thread t1=new Thread(mt," 线程 A");            // 实例化线程对象
        Thread t2=new Thread(mt," 线程 B");            // 实例化线程对象
        Thread t3=new Thread(mt," 线程 C");            // 实例化线程对象
        t1.start();                                  // 开启线程
        t2.start();                                  // 开启线程
        t3.start();                                  // 开启线程

    }
}
```

重点：在 t1 线程的构造方法中（语句 "Thread t1=new Thread(mt," 线程 A");"），第一
个参数是实现了 Runnable 接口的类的实例对象，第二个参数是线程的名字；在线程功能
类 MyThread 类的 run() 方法中，可以通过方法 "Thread.currentThread().getName()" 得到当
前线程的名字。

（3）调试运行，显示结果。该程序的运行结果如图 10-6 所示。

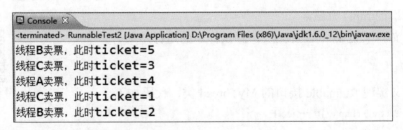

图 10-6　任务 1 的程序运行结果

从任务 1 的程序运行结果可以清楚地看到，虽然启动了 3 个线程，但是 3 个线程一共
只卖了 5 张车票，即线程功能类中的 ticket 属性被所有的线程对象共享。由此可见，实现
Runnable 接口相对于继承 Thread 类来说，具有显著的优势。

注意：相对于继承 Thread 类，采用 Runnable 接口的方式实现多线程的优势如下所述。
- 适合多个相同程序代码的线程去处理同一资源的情况。
- 可以避免由于 Java 的单继承特性所带来的局限。

● 增强了程序的健壮性，代码能够被多个线程共享，代码与数据是各自独立的。

在程序开发中建议大家使用 Runnable 接口实现多线程。本书后面的例子也都采用 Runnable 接口的方式实现多线程操作。

任务 2　线程的状态与线程常用方法

任务描述

测试线程的优先级。

任务要求

正确理解线程的状态与线程的常用方法并在控制台输出线程优先级。

知识链接

1. 线程的状态

要想实现多线程，必须在主线程中创建新的线程对象。线程一般具有 5 种状态，分别是创建状态、就绪状态、运行状态、阻塞状态、终止状态。线程状态的转换与方法之间的关系可以用图 10-7 来表示。

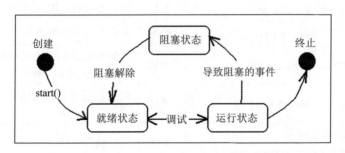

图 10-7　线程状态的转换与方法之间的关系

（1）创建状态。在程序中使用构造方法创建了一个线程对象后，新的线程对象便处于创建状态，此时，它已经有了相应的内存空间和其他资源，但还处于不可运行状态。新建一个线程对象可以采用 Thread 类的构造方法来实现，如 "Thread t=new Thread();"。

（2）就绪状态。新建线程对象后，如果调用了该线程对象的 start() 方法，则该线程就启动了。线程启动后就进入了就绪状态。此时，线程进入了线程队列进行排队，等待 CPU 的调度，这表明线程具备了运行条件。

（3）运行状态。当就绪状态的线程被调用并获得处理器的调度时，线程就进入了运行状态。此时，系统会自动调用该线程对象的 run() 方法。run() 方法中定义了该线程具有的操作和功能。

（4）阻塞状态。一个正在运行的线程在某些特殊情况下，如被人为挂起或需要执行耗时的输入 / 输出操作时，可能就会让出 CPU 并暂时中止自己的执行，进入阻塞状态。在可执行状态下，如果调用 sleep()、suspend()、wait() 等方法，线程都将进入阻塞状态。处于阻塞状态时，线程不能进入排队队列，只有当引起阻塞的原因被消除后，线程才可以进入就绪状态，等待 CPU 的召唤。

（5）终止状态。终止状态也称为死亡状态。线程调用 stop() 方法时或 run() 方法执行结束后，线程即处于终止状态。处于终止状态的线程不具有继续运行的能力。

2. 线程操作的常用方法

通过前面的讲解可以发现，在 Java 实现多线程的程序中，虽然 Thread 类实现了 Runnable 接口，但是线程操作的主要方法并不在 Runnable 接口中，而是在 Thread 类中。表 10-1 列出了 Thread 类中的常用方法。

表 10-1　Thread 类中的常用方法

序号	方法名称	类型	描述
1	public Thread(Runnable target)	构造	接收 Runnable 接口子类对象，实例化 Thread 对象
2	public Thread(Runnable target, String name)	构造	接收 Runnable 接口子类对象，实例化 Thread 对象，并设置线程名称
3	public Thread(String name)	构造	实例化 Thread 对象，并设置线程名称
4	public static Thread currentThread()	普通	返回正在执行的线程
5	public final String getName()	普通	返回线程的名称
6	public final int getPriority()	普通	返回线程的优先级
7	public boolean isInterrupted()	普通	判断目前线程是否被中断，如果是，返回 true，否则返回 false
8	public final boolean isAlive()	普通	判断线程是否在活动，如果是，返回 true，否则返回 false
9	public final void join() throws InterruptedException	普通	等待线程死亡（终止）
10	public final synchronized void join(long millis) throws InterruptedException	普通	等待 millis 毫秒后，线程死亡
11	public void run()	普通	执行线程
12	public final void setName(String name)	普通	设定线程名称
13	public final void setPriority(int newPriority)	普通	设定线程的优先级
14	public static void sleep(long millis) throws InterruptedException	普通	使目前正在执行的线程休眠 millis 毫秒
15	public void start()	普通	开始执行线程
16	public String toString()	普通	返回代表线程的字符串

续表

序号	方法名称	类型	描述
17	public static void yield()	普通	将目前正在执行的线程暂停，允许其他线程执行
18	public final void setDaemon(boolean on)	普通	将一个线程设置成后台运行

下面介绍常用的线程操作方法。

（1）取得和设置线程名称。在 Thread 类中，可以通过 getName() 方法取得线程的名称，还可以通过 setName() 方法设置线程的名称。

线程的名称一般在启动线程前设置，但也允许为已经运行的线程设置名称。允许两个 Thread 对象有相同的名称，但应该尽量避免出现这样的情况。

提醒：如果没有设置线程的名称，系统会为其自动分配名称。

在线程操作中，如果没有为一个线程指定一个名称，则系统在使用时会为线程分配一个名称，名称的格式为 Thread-××。

案例 10-4　取得和设置线程的名称。

1）定义一个实现 Runnable 接口的线程功能类 MyThread，代码如下：

```
package cn.cqvie.chapter10.exam4;

public class MyThread implements Runnable {
    @Override
    public void run() {
        for(int i=0;i<3;i++){
            System.out.println(Thread.currentThread().getName()+" 运行，此时 i="+i);
        }
    }
}
```

上述代码中，在 MyThread 类中重写了 Runnable 接口中的 run()，在 run() 方法中调用了 Thread.currentThread() 方法得到当前正在运行的线程，并调用了该线程对象的 getName() 方法获取线程对象的名称。

2）编写测试类 ThreadNameTest，测试程序的运行效果。测试类的代码如下：

```
package cn.cqvie.chapter10.exam4;

public class ThreadNameTest {
    /**
     * 既测试线程运行前已设置的名称，也测试线程的默认名称
     */
    public static void main(String[] args) {
        MyThread mt=new MyThread();              // 定义线程功能类的实例对象
        Thread t1=new Thread(mt);
        Thread t2=new Thread(mt," 线程 A");
        Thread t3=new Thread(mt," 线程 B");
```

```
    Thread t4=new Thread(mt);
    Thread t5=new Thread(mt);
    t1.start();
    t2.start();
    t3.start();
    t4.start();
    t5.start();
  }
}
```

3）测试运行，显示结果如图 10-8 所示。

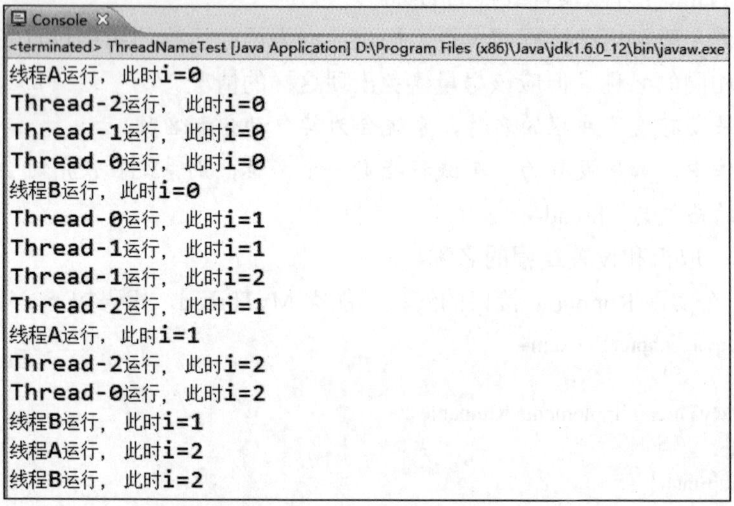

图 10-8　案例 10-4 的程序运行结果

从程序的运行结果中可以发现，没有设置线程名称的 3 个线程的名称都是很有规律的，分别为 Thread-0、Thread-1、Thread-2。

提醒：Java 程序每次运行至少启动两个线程。这是因为每当使用 Java 命令执行一个类时，都会启动一个 JVM（Java 虚拟机）。实际上每一个 JVM 就是在操作系统中启动了一个 JVM 进程。Java 本身具备了垃圾的收集机制，所以在 Java 运行时至少会启动两个线程，一个是 main 线程，另一个是垃圾收集线程。

（2）判断线程是否启动。通过前面的介绍知道，通过 Thread 类中的 start() 方法通知 CPU 这个线程已经准备好启动，然后就等待分配 CPU 资源，运行此线程。在 Java 中可以使用 isAlive() 方法测试线程是否启动而且仍然在启动。

（3）线程的强制运行。在线程操作中，可以使用 join() 方法使一个线程强制运行。线程强制运行期间，其他线程无法运行，必须等待此线程完成之后才可以运行其他线程。

（4）线程的休眠。在 Java 程序中允许一个线程进行暂时的休眠，使用 Thread.sleep() 方法即可实现线程的休眠。

案例 10-5　测试线程的休眠。

1）定义一个实现 Runnable 接口的线程功能类 MyThread，代码如下：案例 10-5 的实现

```
package cn.cqvie.chapter10.exam5;

public class MyThread implements Runnable {          // 实现 Runnable 接口
    @Override
    public void run() {                              // 重写接口中的 run() 方法
        for(int i=0;i<5;i++){
            try{
                Thread.sleep(1000);                  // 让线程休眠 1000 毫秒，即休眠 1 秒
            }catch (Exception e) {
                e.printStackTrace();
            }
            System.out.println(Thread.currentThread().getName()+" 运行，此时 i="+i);  // 输出线程的名称
        }
    }
}
```

在 MyThread 类中重写了 Runnable 接口中的 run()，并在 run() 方法中调用了线程休眠方法 Thread.sleep() 方法，也调用 Thread.currentThread() 方法得到了当前正在运行的线程，并调用了该线程对象的 getName() 方法获取取了线程对象的名称。

2）编写测试类 ThreadSleepTest，测试程序运行效果。测试类代码如下：

```
package cn.cqvie.chapter10.exam5;

public class ThreadSleepTest {
    /**
     * 测试线程的休眠，即测试 Thread.sleep() 方法的效果。
     */
    public static void main(String[] args) {

        MyThread mt=new MyThread();                  // 定义线程功能类的实例对象
        Thread t1=new Thread(mt," 线程 A");           // 实例化 Thread 实例，并将其命名为 "线程 A"
        t1.start();                                  // 开启 t1 线程
    }
}
```

3）测试运行，显示结果如图 10-9 所示。

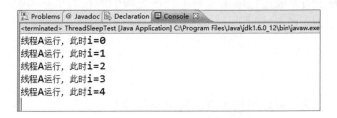

图 10-9　案例 10-5 的程序运行结果

案例 10-5 的程序运行时，每次输出都间隔了 1000 毫秒，达到了延迟操作的效果。

（5）线程的中断。当一个线程运行时，另外一个线程可以直接通过 interrupt() 方法中断其运行状态。

（6）后台线程（守护线程）。在 Java 程序中，只要前台有一个线程在运行，则整个 Java 进程都不会消失，所以此时可以设置一个后台线程，也叫守护线程，这样即使 Java 进程结束了，此后台线程依然会继续运行。要想实现这样的操作，直接使用 setDaemon() 方法即可。

提醒：Java 中线程分为两种类型：用户线程和守护线程。通过线程对象的 setDaemon(false) 设置的为用户线程；通过线程对象的 setDaemon(true) 设置的为守护线程。如果不设置，默认为用户线程。用户线程和守护线程的区别如下所述。

● 主线程结束后，用户线程还会继续运行，JVM（Java 虚拟机）存活。
● 主线程结束后，如果没有用户线程（即都是守护线程），那么 JVM 结束（随之而来的是所有一切都烟消云散，包括所有的守护线程）。

举例说明：垃圾回收线程就是一个经典的守护线程，当程序中不再有任何运行的 Thread 时，程序就不会再产生垃圾，垃圾回收线程也就无事可做，因此当垃圾回收线程是 JVM 上仅剩的线程时，垃圾回收线程会自动离开。它始终在低级别的状态中运行，用于实时监控和管理系统中的可回收资源。

（7）线程的礼让。在线程操作中，可以使用 yield() 方法将一个线程的运行时间暂时让给其他线程。

（8）线程的优先级。在 Java 程序的线程操作中，所有的线程在运行前都会保持在就绪状态，那么此时哪个线程的优先级高，哪个线程就有可能先执行。在 Java 中可以使用 setPriority() 方法设置一个线程的优先级。在 Java 中线程一共有 3 种优先级，具体见表 10-2。

表 10-2　线程的优先级

序号	定义	描述	表示的常量
1	public static final int MIN_PRIORITY	最低优先级	1
2	public static final int NORM_PRIORITY	中等优先级（默认）	5
3	public static final int MAX_PRIORITY	最高优先级	10

下面通过任务 2 的完成过程演示 3 种不同优先级的线程的执行情况。

实现方法

1. 分析题目

通过分析任务要求，可以用以下方法完成本任务。

（1）定义一个实现 Runnable 接口的线程功能类 MyThread，在类中重写接口中的 run() 方法。

（2）定义测试类 ThreadPriorityTest，测试程序的运行结果。

任务 10-2 的实现

2. 实施步骤

（1）定义一个实现 Runnable 接口的线程功能类 MyThread，代码如下：

```java
package cn.cqvie.chapter10.project2;

public class MyThread implements Runnable {        // 实现 Runnable 接口
    @Override
    public void run() {                              // 重写接口中的 run() 方法
        for(int i=0;i<5;i++){
            try{
                Thread.sleep(1000);                 // 让线程休眠 1000 毫秒，即休眠 1 秒
            }catch (Exception e) {
                e.printStackTrace();
            }
            System.out.println(Thread.currentThread().getName()+" 运行，此时 i="+i);  // 输出线程的名称
        }
    }
}
```

上述代码中，在 MyThread 类中重写了 Runnable 接口中的 run() 方法，并在 run() 方法中调用了线程休眠方法 Thread.sleep()，并对休眠方法进行了异常捕获处理。

（2）编写测试类 ThreadPriorityTest，测试程序运行效果。测试类代码如下：

```java
package cn.cqvie.chapter10.project2;

public class ThreadPriorityTest {
    /**
     * 测试线程的优先级。
     */
    public static void main(String[] args) {
        MyThread mt=new MyThread();                      // 定义线程功能类的实例对象
        Thread t1=new Thread(mt," 线程 A");               // 实例化 Thread 实例，并命名为 "线程 A"
        Thread t2=new Thread(mt," 线程 B");               // 实例化 Thread 实例，并命名为 "线程 B"
        Thread t3=new Thread(mt," 线程 C");               // 实例化 Thread 实例，并命名为 "线程 C"
        t1.setPriority(Thread.MIN_PRIORITY);             // 线程的优先级为最低
        t2.setPriority(Thread.MAX_PRIORITY);             // 线程的优先级为最高
        t3.setPriority(Thread.NORM_PRIORITY);            // 线程的优先级为中等
        t1.start();                                      // 开启 t1 线程
        t2.start();                                      // 开启 t2 线程
        t3.start();                                      // 开启 t3 线程
    }
}
```

（3）测试运行，显示结果如图 10-10 所示。

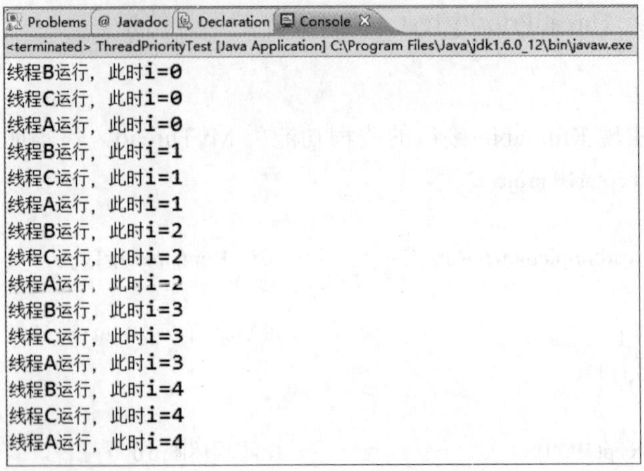

图 10-10　任务 2 的程序运行结果

从上面的运行结果中可以发现，线程将根据其优先级的大小来决定哪个线程先运行。但是运行多次后会发现，并非线程的优先级越高就一定会优先执行，哪个线程优先执行将由 CPU 的调度来决定。

提醒：main 线程的优先级是 NORM_PRIORITY。可以通过下面的程序段来验证。

```java
public class MainThreadPriorityTest {

    /**
     * 测试 main 线程的优先级
     */
    public static void main(String[] args) {
        System.out.println("main 线程的优先级 ="+Thread.currentThread().getPriority());
    }
}
```

上述程序的运行结果如下：

main 线程的优先级 =5

而数字 5 对应的线程的优先级为 NORM_PRIORITY，因此主线程对应的优先级为中等。

任务 3　线程的同步

任务描述

编程演示多线程同步时出现的死锁现象。

任务要求

正确重现死锁现象，并在控制台输出结果。

知识链接

一个多线程的程序如果是通过 Runnable 接口实现的，则意味着类中的属性可以被多个线程共享，那么这样就会产生一个问题：如果这多个线程要操作同一资源时就有可能出现资源的同步问题。例如，任务 1 的卖票程序，如果多个线程同时操作，就可能出现卖出的票数为负数的情况。

1. 问题的引出

通过实现 Runnable 接口的方式实现多线程，并产生 3 个线程对象，同时卖 5 张票。

案例 10-6　测试卖票程序存在的问题。

（1）定义一个实现 Runnable 接口的线程功能类 MyThread，代码如下：

```
package cn.cqvie.chapter10.exam6;

public class MyThread implements Runnable {
    private int ticket=5;                        // 票数为 5 张
    @Override
    public void run() {
        for(int i=0;i<5;i++){
            if(ticket>0)                         // 判断是否有剩票
                try{
                    Thread.sleep(500);           // 休眠 0.5 秒
                    System.out.println(Thread.currentThread().getName()+" 卖票，此时 ticket="+ticket--);
                }catch (Exception e) {
                    e.printStackTrace();
                }
        }
    }
}
```

上述代码中，在 MyThread 类中重写了 Runnable 接口中的 run() 方法，并在 run() 方法中实现了每间隔 0.5 秒就卖出一张票。

（2）编写测试类 SynchronizedTest1，测试程序运行效果。测试类代码如下：

```
package cn.cqvie.chapter10.exam6;

public class SynchronizedTest1 {
    /**
     * 演示卖票程序存在的同步问题
     */
    public static void main(String[] args) {
        MyThread mt=new MyThread();              // 定义线程功能类对象
        Thread t1=new Thread(mt," 线程 A");       // 实例化线程对象，并取名为 "线程 A"
        Thread t2=new Thread(mt," 线程 B");       // 实例化线程对象，并取名为 "线程 B"
        Thread t3=new Thread(mt," 线程 C");       // 实例化线程对象，并取名为 "线程 C"
        t1.start();                              // 开启线程
        t2.start();                              // 开启线程
```

```
        t3.start();                                      // 开启线程
    }
}
```

（3）测试运行，显示结果如图 10-11 所示。

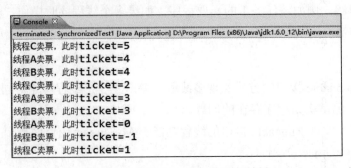

图 10-11　案例 10-6 的程序运行结果

从程序的运行结果中可以发现，程序中加入了延迟操作，所以在运行的最后出现了负数的情况，那么为什么会产生这样的问题呢？

从上面的操作代码中可以看出，卖票时对于票数的操作步骤如下：

1）判断票数是否大于 0，大于 0 则表示还有票可以卖。

2）如果票数大于 0，则将票卖出。

但是，在上面的操作代码中，在步骤 1）和步骤 2）之间加入了延迟操作，那么一个线程就有可能在还没有对票数进行减操作之前，其他线程就已经将票数减少了，这样就会出现票数为负数的情况，操作示意图如图 10-12 所示。

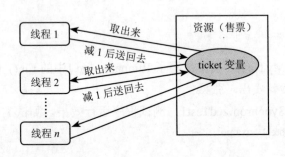

图 10-12　案例 10-6 程序操作示意图

提醒：线程安全问题产生的原因如下所述。

● 多个线程同时操作共享数据。

● 操作共享数据的线程代码有多条（即有两条或两条以上）。

当一个线程在执行操作共享数据的多条代码过程中，其他线程参与了运算，就会导致线程安全问题的产生。

2. 使用同步方法解决问题

解决上述问题的思路：将多条操作共享数据的线程代码封装起来，当有线程在执行这些代码的时候，其他线程是不可以参与运算的，必须要等当前线程把这些代码全部执行完毕后，其他线程才可以参与运算。

可以使用同步代码块和同步方法两种方式解决资源共享的同步问题。

（1）同步代码块。之前已经为大家介绍过代码块的概念，代码块是指用"{}"括起来的一段代码，根据其位置和声明的不同，可以分为普通代码块、构造代码块、静态代码块3 种，如果在代码块前加上 synchronized 关键字，则称此代码块为同步代码块。同步代码块的格式如下：

```
synchronized( 同步对象 ){
    需要同步的代码
}
```

从上面的格式中可以发现，使用同步代码块时必须制定一个需要同步的对象，但一般都将当前对象（this）设置为同步对象。

案例 10-7　使用同步代码块解决卖票程序存在的问题。

1）定义一个实现 Runnable 接口的线程功能类 MyThread，代码如下：

案例 10-7 的实现

```
package cn.cqvie.chapter10.exam7;

public class MyThread implements Runnable {
    private int ticket = 5;                          // 票数为 5 张
    @Override
    public void run() {
        for (int i = 0; i < 5; i++) {
            synchronized (this) {                     // 同步代码块
                if (ticket > 0)                       // 判断是否有剩票
                    try {
                        Thread.sleep(500);            // 休眠 0.5 秒
                        System.out.println(Thread.currentThread().getName()
                            + " 卖票，此时 ticket=" + ticket--);   // 卖票
                    } catch (Exception e) {
                        e.printStackTrace();
                    }
            }
        }
    }
}
```

上述代码中，在 MyThread 类中重写了 Runnable 接口中的 run() 方法，并在 run() 方法中实现了使用同步代码块卖票。

2）编写测试类 SynchronizedTest2，测试程序运行效果。测试类代码如下：

```
package cn.cqvie.chapter10.exam7;

public class SynchronizedTest2 {
    /**
     * 使用同步代码块解决线程同步问题
     */
```

```java
public static void main(String[] args) {
    MyThread mt=new MyThread();                     // 定义线程功能类对象
    Thread t1=new Thread(mt," 线程 A");             // 实例化线程对象，并取名为"线程 A"
    Thread t2=new Thread(mt," 线程 B");             // 实例化线程对象，并取名为"线程 B"
    Thread t3=new Thread(mt," 线程 C");             // 实例化线程对象，并取名为"线程 C"
    t1.start();                                     // 开启线程
    t2.start();                                     // 开启线程
    t3.start();                                     // 开启线程
  }
}
```

3）测试运行，显示结果如图 10-13 所示。

```
Console 
<terminated> SynchronizedTest2 [Java Application] D:\Program Files (x86)\Java\jdk1.6.0_12\bin\javaw.exe
线程A卖票，此时ticket=5
线程C卖票，此时ticket=4
线程C卖票，此时ticket=3
线程C卖票，此时ticket=2
线程B卖票，此时ticket=1
```

图 10-13　案例 10-7 的程序运行结果

从程序的运行结果中可以发现，案例 10-7 的代码将取值和修改值这两步操作进行了同步，所以就不会再出现卖票混乱和票数出现负数的情况了。

（2）同步方法。除了可以将需要的同步代码设置为同步代码块之外，还可以使用synchronized 关键字将一个方法声明为同步方法。同步方法格式如下：

```
Synchronized 方法返回值 方法名称 ( 参数列表 ){
    方法体
}
```

案例 10-8　使用同步方法解决线程同步问题。

1）定义一个实现 Runnable 接口的线程功能类 MyThread，代码如下：

```java
package cn.cqvie.chapter10.exam8;

public class MyThread implements Runnable {
    private int ticket = 5;                          // 票数为 5 张
    @Override
    public void run() {
        for (int i = 0; i < 5; i++) {
            this.sale();                             // 调用同步方法
        }
    }
    private synchronized void sale() {
        if (ticket > 0)                              // 判断是否有剩票
            try {
                Thread.sleep(500);                   // 休眠 0.5 秒
                System.out.println(Thread.currentThread().getName()
```

```
                + " 卖票，此时 ticket=" + ticket--);  // 卖票
        } catch (Exception e) {
            e.printStackTrace();
        }
    }
}
```

上述代码中，在 MyThread 类中重写了 Runnable 接口中的 run() 方法，并在 run() 方法中调用了同步方法 sale()，在同步方法 sale() 中实现了卖票功能。

2）编写测试类 SynchronizedTest2，测试程序运行效果。测试类代码如下：

```
package cn.cqvie.chapter10.exam8;

public class SynchronizedTest3 {
    /**
     * 使用同步方法解决线程同步问题
     */
    public static void main(String[] args) {
        MyThread mt=new MyThread();              // 定义线程功能类对象
        Thread t1=new Thread(mt," 线程 A");       // 实例化线程对象，并取名为 "线程 A"
        Thread t2=new Thread(mt," 线程 B");       // 实例化线程对象，并取名为 "线程 B"
        Thread t3=new Thread(mt," 线程 C");       // 实例化线程对象，并取名为 "线程 C"
        t1.start();                              // 开启线程
        t2.start();                              // 开启线程
        t3.start();                              // 开启线程
    }
}
```

3）测试运行，显示结果如图 10-14 所示。

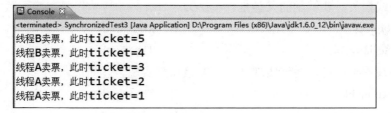

图 10-14　案例 10-8 的程序运行结果

从程序的运行结果中可以看出，同步方法完成了与同步代码块相同的功能。

提醒：同步的优缺点为
- 同步的好处：解决了线程安全问题。
- 同步的缺陷：相对降低了效率，因为同步外的线程都会判断同步锁。

同步的前提：同步中必须有多个线程并使用同一个锁。

注意：同步方法和同步代码块的区别为
- 同步方法的锁是固定的 this。
- 同步代码块的锁是任意的对象。

● 建议使用同步代码块。

提醒：同步能解决问题的前提是多个线程必须使用同一个锁，这样才能用同步解决线程共享资源混乱问题。

实现方法

1. 分析题目

通过案例 10-8 分析本任务。

2. 实施步骤

具体代码见案例 10-8 中的程序代码。

思考与练习

理论题

1. 假设已经编写好了一个线程类 MyThread，要在 main() 中启动该线程，需使用以下哪个方法？（　　　）

    A. new MyThread();

    B. MyThread myThread=new MyThread(); myThread.start();

    C. MyThread myThread=new MyThread(); myThread.run();

    D. new MyThread.start();

2. 编写线程类，要继承的父类是（　　　）。

    A. Object   B. Runnable

    C. Serializable   D. Thread

3. 编写线程类，可以通过实现（　　　）接口来实现。

    A. Runnable   B. Throwable

    C. Serializable   D. Comparable

4. 以下用于定义线程执行体的方法是（　　　）。

    A. start()   B. init()   C. run()   D. main()

5. （　　　）方法结束时，能使线程进入死亡状态。

    A. run()   B. setPrority()

    C. yield()   D. sleep()

6. （　　　）方法不能使线程进入阻塞状态。

    A. sleep()   B. wait()   C. suspend()   D. stop()

7. 用（　　　）方法可以改变线程的优先级。

    A. run()   B. setPrority()   C. yield()   D. sleep()

8. 用（　　）方法可以实现线程的礼让。

    A．run()　　　　　　　　　　　　B．setPrority()

    C．yield()　　　　　　　　　　　　D．sleep()

9. 线程通过（　　）方法可以休眠一段时间，然后恢复运行。

    A．run()　　　　　　　　　　　　B．setPrority()

    C．yield()　　　　　　　　　　　　D．sleep()

10. 方法 resume() 负责重新开始（　　）的执行。

    A．被 stop() 方法停止的线程　　　　B．被 sleep() 方法停止的线程

    C．被 wait() 方法停止的线程　　　　D．被 suspend() 方法停止的线程

11. 用（　　）关键字可以实现线程的同步操作。

    A．wait　　　　　　　　　　　　B．synchronized

    C．yield　　　　　　　　　　　　D．Sleep

12. 在 Java 语言中，定义线程类可以通过继承（　　）类来实现。

13. 在 Java 语言中，定义线程功能类可以通过实现（　　）接口来实现。

14. 线程的主体功能的实现，是通过重写 Thread 类的（　　）方法，或者通过重写 Runnable 接口中的（　　）方法来完成的。

15. 线程有 5 种状态，它们是（　　）、（　　）、（　　）、（　　）和（　　）。

16. 新创建的线程默认的优先级是（　　）。

17. 要实现线程的强制执行，需要使用（　　）方法。

18. 要实现线程的礼让，需要使用（　　）方法。

19. 要实现线程的休眠，需要使用（　　）方法。

20. 获取当前线程的名称,可以使用（　　）方法,设置线程的名称,可以使用（　　）方法。

21. 获取线程的优先级,可以使用（　　）方法,设置线程的优先级可以使用（　　）方法。

22. 在 Java 语言中，使用（　　）关键字可以实现线程的同步操作。

23. 在 Java 中，使用（　　）关键字实现线程的同步有两种方法，一种是（　　）方法，另一种是同步方法。

实训题

1. 编程实现本章中的案例 10-1 至案例 10-5 的功能，并运行测试。

2. 编程实现用多线程的方式模拟卖车票的功能，假设票数为 20 张，有 5 个电话同时抢票。

3. 编程实现本章中任务 1 的功能，并运行测试。

4. 编程实现本章中案例 10-6 至案例 10-8 的功能。

5. 实现本章中任务 2 的功能，并运行测试。

6．设计 4 个线程对象对同一数据进行操作，两个线程执行减操作，两个线程执行加操作。

7．根据下述条件编写线程同步模拟应用程序。

（1）大气环境数据为温度、湿度和风速。

（2）一个大气环境传感器测量环境数据需要 5 秒时间。

（3）一个计算机读取传感器的环境数据需要 0.01 秒时间。

（4）模拟一个计算机随机读取大气环境传感器的温度、湿度和风速等环境数据，共读取 100 次。

参考文献

[1] 谢先伟，梅青平，等．Java 程序设计 [M]．北京：中国水利水电出版社，2016．

[2] 李兴华．Java 核心技术精讲（配光盘）[M]．北京：清华大学出版社，2013．

[3] 李兴华．Java 开发实战经典（名师讲坛）[M]．北京：清华大学出版社，2009．

[4] 马月坤，张航，张素娟．Java 程序设计基础与应用 [M]．北京:清华大学出版社，2012．

[5] 吴金舟，鞠凤娟．Java 程序设计 [M]．北京：清华大学出版社，2014．

[6] 向昌成，聂军，徐清泉，等．Java 程序设计项目化教程 [M]．北京：清华大学出版社，2013．

[7] 段新娥．Java 程序设计案例教程 [M]．北京：清华大学出版社，2014．

[8] 赵冬玲，郝小会，孙建国，等．Java 程序设计案例教程 [M]．北京：清华大学出版社，2014．

[9] 张桓，张扬，王蓓，等．Java 程序设计与实践 [M]．北京：清华大学出版社，2015．

[10] 崔敬东，徐雷．Java 程序设计基础教程 [M]．北京：清华大学出版社，2014．

[11] 张文胜，任志宏，赵向梅，等．Java 程序设计与实例 [M]．北京：清华大学出版社，2015．

[12] 耿祥义，张跃平．Java 程序设计精编教程 [M]．2 版．北京：清华大学出版社，2015．

[13] 王宗亮．Java 程序设计任务驱动式实训教程 [M]．2 版．北京:清华大学出版社，2016．

[14] 杨树林，胡洁萍．Java 程序设计案例教程 [M]．3 版．北京：清华大学出版社，2016．

[15] 周怡，张英，李志文，等．Java 程序设计案例教程 [M]．2 版．北京：清华大学出版社，2014．

附录 A　常用字符与 ASCII 码值对照表

ASCII 码值	字符	ASCII 码值	字符	ASCII 码值	字符	ASCII 码值	字符
000	NUL	037	%	074	J	111	o
001	SOH	038	&	075	K	112	p
002	STX	039	'	076	L	113	q
003	ETX	040	(	077	M	114	r
004	EOT	041	)	078	N	115	s
005	END	042	*	079	O	116	t
006	ACK	043	+	080	P	117	u
007	BEL	044	,	081	Q	118	v
008	BS	045	-	082	R	119	w
009	HT	046	。	083	S	120	x
010	LF	047	/	084	T	121	y
011	VT	048	0	085	U	122	z
012	FF	049	1	086	V	123	{
013	CR	050	2	087	W	124		
014	SO	051	3	088	X	125	}
015	SI	052	4	089	Y	126	~
016	DLE	053	5	090	Z		
017	DC1	054	6	091	[		
018	DC2	055	7	092	\		
019	DC3	056	8	093	]		
020	DC4	057	9	094	^		
021	NAK	058	:	095	_		
022	SYN	059	;	096	,		
023	ETB	060	<	097	a		
024	CAN	061	=	098	b		
025	EM	062	>	099	c		
026	SUB	063	?	100	d		
027	ESC	064	@	101	e		
028	FS	065	A	102	f		
029	GS	066	B	103	g		
030	RS	067	C	104	h		
031	US	068	D	105	i		
032	（space）	069	E	106	j		
033	!	070	F	107	k		
034	"	071	G	108	l		
035	#	072	H	109	m		
036	$	073	I	110	n		

附录 B Java 语言中的关键字

abstract	default	if	package	synchronized
boolean	do	implements	private	this
break	double	import	protected	throw
byte	else	instanceof	public	throws
case	extends	int	return	transient
catch	false	interface	short	True
char	final	long	static	try
class	finally	native	strictfp	void
const	float	new	super	volatile
continue	for	null	switch	while

说明：关键字都要小写。

附录 C　运算符和结合性

优先级	运算符	含义	要求运算对象的个数	结合方向
1	( )	圆括号		自左至右
	[ ]	下标运算符		
2	!	逻辑非运算符	1 （单目运算符）	自右至左
	~	按位取反运算符		
	++	自增运算符		
	--	自减运算符		
	-	负号运算符		
	（类型）	类型转换运算符		
3	*	乘法运算符	2 （双目运算符）	自左至右
	/	除法运算符		
	%	求余运算符		
4	+	加法运算符	2 （双目运算符）	自左至右
	-	减法运算符		
5	<<	左移运算符	2（双目运算符）	自左至右
	>>	右移运算符		
6	<<= >>=	关系运算符	2 （双目运算符）	自左至右
7	==	等于运算符	2 （双目运算符）	自左至右
	!=	不等于运算符		
8	&	按位与运算符	2 （双目运算符）	自左至右
9	^	按位异或运算符	2 （双目运算符）	自左至右
10			按位或运算符	2 （双目运算符）	自左至右
11	&&	逻辑与运算符	2 （双目运算符）	自左至右
12	||	逻辑或运算符	2 （双目运算符）	自左至右
13	? :	条件运算符	3 （三目运算符）	自右至左

优先级	运算符	含义	要求运算对象的个数	结合方向
14	= += -= *= /= %= >>= <<= &= ^= |=	赋值运算符	2 （双目运算符）	自右至左
15	,	逗号运算符（顺序求值运算符）		自左至右

附录 D　Eclipse 的常用快捷键

快捷键	说明	快捷键	说明
Tab	多行缩进	Shift+Tab	减少缩进
Ctrl+Shift+Down	复制行	Ctrl+D	删除行
Alt+/	自动完成	Ctrl+/	注释
Ctrl+M	编辑窗口最大化	Ctrl+1	快速修正
Shift+F2	打开外部 Java 文档	Ctrl+H	显示搜索对话框
Ctrl+O	快速 Outline	Ctrl+Shift+R	打开资源
Ctrl+Shift+T	打开类型	Alt+Shift+T	显示重构菜单
Alt+Left	上一个光标的位置	Alt+Right	上一个光标的位置
Ctrl+Shift+Up	上一个成员（成员对象或成员函数）	Ctrl+Shift+Down	下一个成员（成员对象或成员函数）
Ctrl+Shift+Enter	在当前行前插入一行	Shift+Enter	在当前行后插入一行
Alt+Up	向上移动选中的行	Alt+Down	向上移动选中的行
Ctrl+Shift+O	组织导入	End	行末
Home	行首	Ctrl+Right	后一个单词
Ctrl+Left	前一个单词	Ctrl+Z	取消上一个操作